W0256782

Die in den Sitzungsberichten Abtlg. I und Abtlg. II der math.-nat. Klasse der Österr. Ak. d. Wiss. erscheinenden Abhandlungen werden auch einzeln abgegeben. Sie können durch jede Buchhandlung oder direkt durch die Auslieferungsstelle der Österreichischen Akademie der Wissenschaften (Wien I, Singerstraße 12) bezogen werden.

Nachfolgende Abhandlungen aus dem Fache **Botanik** (Biologie) sind erschienen:

1957 (S I Bd. 166):

Politis J.: Über die „Tanninoplasten" oder Gerbstoffbildner der Crassulaceae (mit 2 Textabbildungen und 1 Tafel). S 6.—
Politis J.: Über einen neuen Pflanzenfarbstoff in den Blüten einiger Verbascum-Arten (mit 2 Tafeln). S 5.20
Übeleis Ilse: Osmotischer Wert, Zucker- und Harnstoffpermeabilität einiger Diatomeen (mit 1 Textabbildung). S 30.40

1958 (S I Bd. 167):

Höfler Karl: Permeabilitätsstudien an Parenchymzellen der Blattrippe von Blechnum spicant (mit 5 Textabbildungen). S 45.—
Rechinger K. H., Dulfer H. und Patzak A.: Širjaevii fragmenta astragalogica IV. S 38.10
Url Walter: Zur Wirkung der Atmungsgifte Natriumazid und Dinitrophenol auf die Permeabilität von Blechnum spicant-Zellen (mit 3 Textabbildungen). S 25.—
Wawrik Friederike: Hochgebirgs-Kleingewässer im Arlberggebiet III (mit 3 Textabbildungen und 1 Tafel). S 18.90

1959 (S I Bd. 168):

Biebl Richard: Röntgenstrahlenwirkungen auf Commelinaceenstecklinge (Total- und Partial-bestrahlungen) (mit 9 Tabellen und 5 Textabbildungen). S 31.20
Höfler Karl: Über die Gollinger Kalkmoosvereine (mit 1 Textabbildung und 1 Tafel). S 34.50
Höfler Karl und Fetzmann Elsa Leonore: Algen-Kleingesellschaften des Salzlackengebietes am Neusiedler See I (mit 1 Tafel). S 21.50
Hustedt Friedrich: Die Diatomeenflora des Salzlackengebietes im österreichischen Burgenland (mit 31 Textabbildungen und 1 Tafel). S 53.90
Luhan Maria: Zur Wurzelanatomie unserer Alpenpflanzen. IV. Compositae (mit 9 Textabbildungen und 4 Tafeln). S 36.90
Pfoser Karl: Vergleichende Versuche über Verholzungsreaktionen und Fluoreszenz (mit 2 Text-abbildungen und 2 Tafeln). S 18.70
Rechinger K. H., Dulfer H. und Patzak A.: Širjaevii fragmenta astragalogica. S 29.40
Wendelberger Gustav: Die Vegetation des Neusiedler See-Gebietes. S 7.20

1960 (S I Bd. 169):

Bolay Erika: Die Vitalfärbung voller Zellsäfte und ihre cytochemische Interpretation (mit einer Textabbildung und 5 Tafeln). S 49.—
Ehrendorfer F.: Neufassung der Sektion Lepto-Galium Lange und Beschreibung neuer Arten und Kombinationen (zur Phylogenie der Gattung Galium, VII). S 12.—
Franz Gertrude: Die Mikroflora einiger Standorte im Leithagebirge in ihrer Abhängigkeit von Boden und Vegetationsdecke (mit 22 Textabbildungen). S 88.—
Pruzsinszky S.: Über Trocken- und Feuchtluftresistenz des Pollens (mit 12 Abbildungen auf 6 Tafeln). S 63.40

1961 (S I Bd. 170):

Fetzmann Elsalore, Vegetationsstudien im Tanner Moor (Mühlviertel, Oberösterreich) (mit 2 Textabbildungen und 2 Tafeln). S 170—3, S 23.—
Pruzsinszky Siegfried und Url Walter, Ein Beitrag zur Desmidiaceenflora des Lungaues. S 170—1, S 9.—
Rechinger K. H., Dufler H. und Patzak A., Širjaevii fragmenta astragalogica XIII. bis XVII. Teil. S 170—2, S 56.—

1962 (S I Bd. 171):

Niklfeld Harald, Über die Pflanzengesellschaften der Fels- und Mauerspalten Südfrankreichs (mit 1 Textabbildung und 1 Falttabelle) 171—23, S 52.—
Url Walter, Permeabilitätsversuche an Stengelepidermiszellen von Gentiana germanica und Gentiana ciliata (mit 3 Textabbildungen) 171—16, S 40.—

ISBN 978-3-7091-3959-2   ISBN 978-3-7091-3958-5 (eBook)
DOI 10.1007/978-3-7091-3958-5

Über das stomatäre Verhalten von Pflanzen verschiedener Standorte im Alpengebiet und auf Sumpfwiesen der Ebene

Von Erich Hübl

Aus dem Pflanzenphysiologischen Institut der Universität Wien

(Vorgelegt in der Sitzung am 13. Dezember 1962)

I. Einleitung

Während der Wasserhaushalt der Pflanzen besonders seit der Einführung der Schnellwägemethode von Stocker (1929) erfreulicherweise das Interesse zahlreicher Ökologen gefunden hat, ist die Beobachtung der Stomata-Bewegungen im Freiland in neuerer Zeit mehr in den Hintergrund getreten. Die Öffnungszustände der Spalten werden meist nur nebenbei zur Ergänzung der Transpirationsmessungen beobachtet. Die Ursache liegt wohl darin, daß wir keine annähernd so exakte Methode besitzen, die Spaltenweite am natürlichen Standort rasch und sicher zu bestimmen, wie bei der Transpiration. Außerdem sind die äußeren Ursachen der Spaltenbewegungen wenigstens in ihren Grundzügen vor allem durch Stålfelt (1929, 1956) geklärt. Es schien daher lohnender, die Lebensvorgänge der Transpiration und der Assimilation selbst zu erforschen, als ihren Regulationsmechanismus.

Wenn hier, wie schon in zwei vorausgegangenen Arbeiten (Hübl 1960, 1962) versucht wird, in der Stomata-Forschung das Augenmerk wieder auf die Freilandbeobachtung zu lenken, so sollen damit zwei Ziele verfolgt werden. Einmal gilt es, die Wirkungsweise der von Stålfelt erkannten Grundgesetzmäßigkeiten an den einzelnen Arten unter verschiedenen Standortsbedingungen möglichst während der ganzen Vegetationsperiode kennenzulernen, zum anderen sollen möglichst viele Glieder eines Pflanzenbestandes erfaßt werden, um damit die Pflanzengesellschaft bzw. deren

Standort charakterisieren zu können. Letztes, noch sehr weit entferntes Ziel solcher Untersuchungen wäre es, mit Hilfe der Kenntnis des Einflusses der Stomata-Bewegungen auf den Gesamtstoffwechsel der Pflanze physiologisch-ökologische Konstitutionstypen herauszuarbeiten, die für eine Pflanzenart ebenso kennzeichnend wären, wie etwa die morphologisch-ökologischen Lebensformentypen Raunkiaers.

In der Umgebung Wiens ist vor dem Krieg in einer Reihe von Dissertationen (vgl. Härtel, Migsch) die Ökologie mehrerer charakteristischer Xerophyten der Felssteppen und Trockenrasen des Alpenostrandes untersucht worden, wobei auch das stomatäre Verhalten berücksichtigt wurde. Speziell das Spaltenspiel von Wasserpflanzen hat Wenzl (1939) untersucht. Wie überall waren es also zunächst die Extreme, die zuerst das Interesse erregten. Es gilt also, eine Lücke im Bereich der Hygro- und Mesophyten zu schließen. Während mehrerer Jahre am Alpenostrand, hauptsächlich in Waldgesellschaften, durchgeführte Beobachtungen stehen vor der Veröffentlichung. In der vorliegenden Arbeit sollen die Untersuchungen in verschiedenen Höhenstufen der Alpen und in Sumpfwiesen am Ostufer des Neusiedler Sees zusammengefaßt werden. Diese vereinte Behandlung zweier so entfernter Lebensräume, wie der kühl-humiden Alpen und des für mitteleuropäische Verhältnisse extrem trockenwarmen Gebietes um den Neusiedler See, mag vielleicht befremdlich erscheinen. Es soll aber im Laufe der Arbeit gezeigt werden, daß die physiologische Konstitution, wenigstens die der untersuchten Gebirgspflanzen mit Reliktvorkommen in der Ebene, sich auch im stomatären Verhalten ausprägt.

So wünschenswert es gewesen wäre, als Untersuchungsgrundlage wohl definierte pflanzensoziologische Einheiten zu nehmen, so konnte dies aus praktischen Gründen nicht durchgeführt werden. Die Beobachtungen dehnten sich vielmehr meist über mehrere benachbarte Assoziationen aus. Da nicht alle Pflanzen eines Standortes zur Infiltration geeignet sind, mußte eine Auswahl getroffen werden. Immerhin lieferte eine recht große Anzahl von Arten verwertbare Ergebnisse. An den beiden Hauptuntersuchungsorten (auf dem Schneeberg und am Neusiedler See) sind auch die Pflanzengesellschaften vegetationssystematisch noch nicht exakt erfaßt, ein Mangel, der deswegen weniger ins Gewicht fällt, weil in der vorliegenden Form bisher keine Untersuchungen existierten. Es ist vielmehr diesmal darum gegangen, ein möglichst großes Vergleichsmaterial zu schaffen, wobei es fürs erste gilt, viel gröbere ökologische Unterschiede herauszuarbeiten, als es die durch Assoziationsgrenzen markierten zu sein pflegen. Aus diesem Grunde sollen auch stichprobenartige Einzelergebnisse wiedergegeben werden, auch wenn sie sich gegenwärtig noch nicht sicher mit anderen in Beziehung bringen lassen.

II. Methodik

Zum raschen Feststellen des Öffnungszustandes der Stomata ist die Infiltrationsmethode nach MOLISCH am besten geeignet. Sie wurde diesmal allein angewandt unter Verwendung der Infiltrationsflüssigkeiten Paraffinöl, Alkohol und Xylol. Wenn keine dieser Flüssigkeiten eindringt, bewirkt häufig eine kombinierte Anwendung von Alkohol und Xylol noch eine Infiltration, wenn man das Blatt zunächst mit der einen und dann die benetzte Stelle sofort mit der anderen Flüssigkeit betupft. Dies hat schon GUTTENBERG (1927, S. 738) beschrieben. Die so gewonnenen Werte sind in den Tabellen in Klammern gesetzt. Da ich dieses kombinierte Verfahren nicht immer konsequent angewandt habe und es auch den Anschein hat, daß es leichter als bei getrennter Verwendung zur Schädigung zarter Blätter führen kann, sind die so gewonnenen Werte bei der Bildung der Infiltrations-Mittelwerte (siehe S. 5) nicht verwertet worden. Infiltriert wurden, wenn nicht anders vermerkt, stets die Blattunterseiten.

Zur Schätzung des Infiltrationsgrades wurde folgende Skala verwendet:

1 = Infiltration undeutlich oder nur schwach an einer Stelle,

2 = deutlich, aber nur wenige Punkte,

3 = zahlreiche Punkte, die jedoch weniger als die Hälfte der benetzten Fläche bedecken,

4 = Punkte oder Flecken bedecken $^1/_2$ bis $^2/_3$ der Fläche,

5 = etwa $^3/_4$ der benetzten Fläche infiltriert oder Infiltration der gesamten Fläche deutlich verzögert,

6 = sofortige Infiltration der gesamten Fläche.

Treten deutliche Verzögerungen bei den Stufen 2—4 auf, so wird die nächstniedrigere Stufe angegeben. Diese Skala weicht nur insofern von der früher (HÜBL 1960, 1961) angewandten ab, als die dreigliedrige in eine sechsgliedrige Skala umgewandelt wurde, indem die Zwischenstufen als ganze Stufen gewertet werden.

Lufttemperatur und Luftfeuchtigkeit wurden mit dem AssMANNschen Aspirations-Psychrometer gemessen, die Temperatur in der obersten Bodenschicht mit einem Quecksilberthermo-meter[1]).

Die Infiltration der Pflanzen nahm bei jeder Untersuchungs-serie etwa eineinhalb Stunden, manchmal auch mehr, in Anspruch. In den diesbezüglichen Tabellen (S. 8 u. 32) sind daher die Arten in der Reihenfolge der Untersuchung angeführt, um das Infiltrations-ergebnis besser mit den meteorologischen Daten verknüpfen zu können.

III. Untersuchungen im Alpengebiet

1. Beobachtungen in der oberen Montanstufe des Wiener Schneeberges

Die Untersuchungen wurden im Bereich der Grassinger Hütte (1199 m), hauptsächlich auf dem der Hütte gegenüberliegenden Südwesthang, ausgeführt. Die Geologie des Geländes ist kompliziert, da auf engem Raum Wettersteinkalk, Kössener und Werfener Schichten den Untergrund bilden. Jedenfalls ist für die meisten Pflanzen der Kalkeinfluß entscheidend. Der Südwesthang wird zum größten Teil von einem Holzschlag eingenommen, der 1945 begonnen wurde und sich seitdem durch Windwurf erweiterte. Die älteren Teile, die an die Kaltwasserwiese grenzen und regelmäßig beweidet werden, tragen eine kurzrasige Weidegesellschaft, während die jüngeren noch den Charakter eines Holzschlages bewahrt haben und hauptsächlich von einer zum *Atropion belladonnae* Br.-Bl. 1930 zu rechnenden, hochstaudenreichen Schlaggesellschaft eingenommen werden. Überlebende alte Buchen und Tannen gestatten den Schluß, daß die Klimaxgesellschaft ein Buchen-Tannenwald war, der wahr-scheinlich natürlicherweise die Fichte enthielt, die heute infolge des menschlichen Einflusses den umgebenden Wald beherrscht. Auf dem Holzschlag, soweit er von der Viehweide nur geringer beeinflußt wird, leiten Lärchenanflug und, besonders an Stellen alter ver-moderter Reisighaufen, Horste junger Bergahorne die Wieder-bewaldung ein. Auch eine Reihe echter Waldstauden tritt noch, oder schon wieder, an schattigen Stellen auf.

In der folgenden Tabelle wurden bei den Temperaturwerten der jeweils erste in 1 cm Bodentiefe, der zweite in 5 cm über dem

<hr>

[1]) Die meteorologischen Messungen wurden gemeinsam mit Gertraud und Dr. Helmut Knötig ausgeführt. Für die freundliche Hilfe sei dem Ehepaar herzlich gedankt. Von den beiden wurde im Rahmen zoologischer Untersuchungen auf dem Schneeberg und am Neusiedler See ein umfangreiches Material meteorologischer Daten gesammelt, das z. T. in der Dissertation von H. Knötig enthalten ist und eigens veröffentlicht werden wird.

Boden bzw. am 13. 5. über dem Schnee, der dritte in $1^1/_2$ m über dem Boden gemessen. Die Werte stammen vom trockenen Thermometer des ASSMANN. Die Angaben über die relative Luftfeuchtigkeit entsprechen den Werten der Lufttemperatur, der jeweils erste wurde also in 5 cm, der zweite in 150 cm Höhe gemessen.

Durch die Bildung eines mittleren Infiltrationswertes soll versucht werden, eine durchschnittliche Reaktionsweise des ganzen Pflanzenbestandes zu abstrahieren. Dazu wurden die drei Infiltrationswerte von Paraffin, Alkohol, Xylol aller untersuchten Pflanzen eines Bestandes addiert und durch die Anzahl der Arten dividiert. Der höchste theoretisch mögliche Mittelwert ist also 18. Bei Pflanzen, an denen beide Blattseiten untersucht wurden, wurden die Werte nur einer Blattseite, und zwar der mit dem besseren Infiltrationsergebnis, für die Bildung des Mittelwertes verwendet. Der so gewonnene Wert steht in der Tabelle zusammen mit den vor Beginn der Serie gewonnenen meteorologischen Daten. Die Einzelergebnisse jeder Serie sind in einer eigenen Tabelle (S. 8) zusammengestellt.

Die Infiltrations-Mittelwerte sind am 13. 5. am Tage auffallend niedrig und fallen in der Nacht recht wenig ab, während der Wert am nächsten Tag trotz völlig bedecktem Himmel und Regen schon um 9 Uhr höher liegt als der Höchstwert des Vortages. Die Mittelwerte scheinen mit der Temperatur in Beziehung zu stehen. Anscheinend war die durchschnittlich geringe Spaltenweite am 13. 5. durch den Schnee bedingt. Die Temperatur stieg während des ganzen Tages an und fiel während der Nacht nur geringfügig ab. Das Tauwetter hielt auch nachts an. Ob der Einfluß der Temperatur auf die Spaltenweite mittelbar oder unmittelbar erfolgte, läßt sich ökologisch nicht entscheiden.

Die Werte im Juni und Juli zeigen bei ähnlicher Witterung einen ähnlichen Verlauf. Die leichte Unregelmäßigkeit am 3. 6. dürfte auf die wechselnden Lichtverhältnisse zurückzuführen sein. Gegenüber dem Mai fallen die höheren Tageswerte und die tieferen Nachtwerte auf.

Bei den beiden Septembermessungen sind vor allem die gegenüber dem Sommer geringeren Spaltenweiten zu beachten. Entscheidend scheint zu sein, daß beide Male während Trockenperioden gemessen wurde. Dagegen herrschte im Sommer relativ feuchtes Wetter. Vergleicht man die September-Nachtwerte von 1961 und 1962 miteinander, so liegen die bei kühlerem Wetter und höherer Luftfeuchtigkeit gewonnenen Werte von 1962 merklich höher.

Datum	Uhr-zeit	Bewölkung in Zehntel	Temperatur			Relative Feuchtig-keit in %	Mittlerer Infil-trations-wert	Arten-zahl
13. 5. 1961	13.00	9	—	2,6	3,8	86 78	6,9	18
	15.00		—	2,8	3,8	83 79		
	17.00	6	—	3,8	4,3	78 76	6,8	28
	19.00		—	4,1	5,6	80 66		
14. 5. 1961	0.55	4	—	3,5	4,8	98 72	5,5	24
	9.00	10	—	4,5	4,5	88 86	7,7	30
3. 6. 1961	11.30	10					8,3	14
	12.20						8,5	20
	14.00	8					7,3	26
	16.45	4					8,7	20
4. 6. 1961	3.45	10					4,7	39
	6.00	10					6,7	23
	13.10	7					7,6	48
8. 7. 1961	9.30	7	12,3	14,2	12,0	71 73	9,0	33
	11.30	7	13,3	13,6	12,2	86 72	8,6	39
	13.30		13,8	13,0	13,0	76 62		
9. 7. 1961	3.40	7					5,0	22
	7.00	10 Regen	10,2	9,6	10,6	75 63	7,1	22
	17.30	3	15,0	14,2	14,0	81 61	7,3	33

Datum	Uhr-zeit	Bewölkung in Zehntel	Temperatur			Relative Feuchtig-keit in %	Mittlerer Infil-trations-wert	Arten-zahl
2. 9. 1961	13.00	0	21,6	22,0	22,4	46 37	7,0	13
	14.00	0	22,3	23,4	22,2	47 41	6,6	17
	15.00	1	11,2	23,8	22,2	52 37	5,3	19
	16.00	0	10,0	21,6	21,2	53 37	4,9	10
	17.00	0	—	18,6	19,9	49 52		
	21.00	sternhell	—	14,6	16,8	39 33	3,6	22
3. 9. 1961	1.00	mondhell	—	14,2	16,4	52 38	3,2	20
1. 9. 1962	17.00	0	19,0	13,8	12,2	53 49	5,8	27
	19.00	Dämmerung	13,8	6,1	6,9	92 75	4,4	22
	21.00	sternhell	11,2	4,8	5,3	82 81		
2. 9. 1962	1.00	sternhell Tau	10,0	5,8	7,2	82 78	3,9	24
	3.00	sternhell	9,6	4,2	6,8	90 76		
7. 10. 1961	12.00	10	12,0	9,4	8,9		8,7	29

Es folgen nun als Beleg die bei den einzelnen Arten gewonnenen Infiltrationswerte:

Par. = Paraffin, Alk. = Äthylalkohol, Xyl. = Xylol, Al+X = Alkohol, sodann Xylol. Ökologische Daten in Tabelle S. 8.

Datum	Uhr-zeit	Pflanze	Par.	Alk.	Xyl.	Al+X
13. 5. 1961	13.00	1 Sorbus aucuparia	2	3	4	
		2 Daphne mezereum	—	2	4	
		3 Senecio fuchsii	—	4	3	
		4 Arabis turrita	—	5	6	
		5 Galium odoratum	—	—	—	
		1 Blatt	—	3	—	
		6 Rosa canina	2	4	3	
		7 Veratrum album	—	3	4	
		(z. T. Wasser infiltr.)				
	14.25	8 Valeriana tripteris	—	5	—	
		(Grundblätter)				
		9 Lonicera alpigena	—	2	4	
		10 Sambucus racemosa	1	3	5	
		11 Chamaenerion angusti-folium	2	5	6	
		12 Lonicera xylosteum	2	4	4	
		13 Fagus silvatica	—	—	—	
		14 Galium silvaticum	—	5	1	
		15 Origanum vulgare	—	5	6	
		16 Acer pseudoplatanus	—	—	—	4
		17 Digitalis grandiflora	—	4	6	
		18 Geranium robertianum	—	5	—	
13. 5. 1961	15.00	1 Knautia silvatica	—	4	6	
		2 Adenostyles alliariae	—	3	—	
13. 5. 1961	17.00	1 Senecio fuchsii	—	2	3	
		2 Daphne mezereum	—	4	6	
		3 Sorbus aucuparia	2	3	4	
		4 Rosa canina	2	3	3	
		5 Valeriana tripteris	—	4	5	
		6 Knautia silvatica	—	4	6	
		7 Geranium robertianum	—	4	1	
		8 Lonicera alpigena	—	2	4	
		9 Arabis turrita	—	5	6	
		10 Campanula trachelium	—	5	5	
		11 Digitalis grandiflora	—	4	6	
		12 Galium odoratum	—	4	1	
		13 Polygonatum verti-cillatum	—	2	4	
		14 Origanum vulgare	—	5	6	
		15 Lamium luteum	—	4	5	
		16 Acer pseudoplatanus (Blätter noch nicht voll entfaltet)	—	—	—	

Datum	Uhr-zeit	Pflanze	Par.	Alk.	Xyl.	Al+X
13. 5. 1961	17.00	17 Lonicera xylosteum	—	2	4	—
		18 Cirsium erisithales	—	2	3	
		19 Fagus silvatica	—	—	—	—
		20 Ribes grossularia	—	—	—	—
		1 Blatt	—	—	3	
		21 Galium silvaticum	—	4	4	
		22 Atropa belladonna	—	2	2	
		23 Dentaria bulbifera	—	2	4	
		24 Sambucus racemosa	2	4	5	
		25 Chamaenerion angusti-folium	—	4	5	
		26 Veratrum album	—	3	2	
		27 Primula elatior	—	3	2	
		28 Trollius europaeus	—	4	4	
14. 5. 1961	0.55	1 Daphne mezereum	—	2	4	
		2 Rosa canina	—	3	4	
		3 Sambucus racemosa	3	4	5	
		4 Chamaenerion angusti-folium	—	5	5	
		5 Sorbus aucuparia	—	3	4	
		6 Valeriana tripteris	—	—	2	
		7 Campanula trachelium	2	2	2	
		8 Cirsium erisithales	—	2	6	
		9 Knautia silvatica	—	3	6	
		10 Lonicera alpigena	—	2	4	
		11 Galium silvaticum	—	2	1	
		12 Polygonatum verti-cillatum	—	3	4	
		13 Galium odoratum	—	3	2	
		14 Geranium robertianum	1	4	3	
		15 Senecio fuchsii	1	2	—	
		16 Lonicera xylosteum	1	3	3	
		17 Acer pseudoplatanus	—	—	—	—
		18 Adenostyles alliariae	—	—	—	3
		19 Fagus silvatica	—	—	—	—
		20 Digitalis grandiflora	—	2	5	
		21 Origanum vulgare	—	2	4	
		22 Veratrum album	—	3	2	
		23 Trollius europaeus	—	3	1	
		24 Primula elatior	—	2	5	
14. 5. 1961	9.00	1 Daphne mezereum	2	3	5	
		2 Senecio fuchsii	—	3	2	
		3 Primula elatior	—	—	6	
		4 Adenostyles alliariae	—	2	4	
		5 Symphytum tuberosum	—	3	6	
		6 Hieracium murorum	2	2	5	
		7 Atropa belladonna	—	2	6	
		8 Veratrum album	—	3	4	
		9 Astrantia major	—	—	3	

Datum	Uhr-zeit	Pflanze	Par.	Alk.	Xyl.	Al+X
14. 5. 1961	9.00	10 Alchemilla vulgaris	—	5	4	
		11 Trollius europaeus	2	5	4	
		12 Sambucus racemosa	2	4	6	
		13 Chamaenerion angusti-folium	2	4	6	
		14 Sorbus aucuparia	—	2	4	
		15 Valeriana tripteris	—	3	1	
		16 Knautia silvatica	—	5	6	
		17 Geranium robertianum	—	4	6	
		18 Arabis turrita	—	3	6	
		19 Polygonatum verti-cillatum	—	3	6	
		20 Valeriana tripteris	—	3	4	
		21 Acer pseudoplatanus	—	—	3	
		22 Origanum vulgare	—	2	1	
		23 Campanula trachelium	—	6	4	
		24 Digitalis grandiflora	—	2	6	
		25 Lilium martagon	—	4	—	
		26 Lonicera xylosteum	—	3	4	
		27 Galium silvaticum	—	4	4	
		28 Fagus silvatica	—	2	2	4
		29 Rosa canina	—	3	4	
		30 Luzula silvatica	—	4	4	
3. 6. 1961	11.30	1 Acer pseudoplatanus	—	2	2	
		2 Sambucus racemosa	—	5	6	
		3 Sorbus aucuparia	—	4	3	
		4 Rosa pendulina	—	3	3	
		5 Rubus idaeus	2	—	6	
		6 Rumex arifolius	—	5	4	
		7 Urtica dioica	—	2	4	
		8 Chenopodium bonus henricus	—	6	6	
		9 Ranunculus repens	—	5	4	
		10 Rumex obtusifolius	—	5	6	
		11 Ranunculus lanuginosus	—	6	6	
		12 Cirsium erisithales	—	3	6	
		13 Heracleum sphondylium	—	3	3	
		14 Alchemilla vulgaris	—	4	2	
3. 6. 1961	12.20	1 Sambucus ebulus	—	3	6	
		2 Symphytum tuberosum	—	6	6	
		3 Galium silvaticum	—	4	6	
		4 Galium odoratum	—	2	1	
		5 Digitalis grandiflora	—	3	6	
		6 Knautia silvatica	—	5	3	
		7 Ranunculus nemorosus	—	6	6	
		8 Vaccinium myrtillus	—	4	5	
		9 Hieracium murorum	—	5	6	
		10 Origanum vulgare	—	6	6	

Datum	Uhr-zeit	Pflanze	Par.	Alk.	Xyl.	Al+X
3. 6. 1961	12.20	11 Valeriana tripteris (Grundblätter)	—	5	4	
		12 Valeriana officinalis	—	3	6	
		13 Lonicera alpigena	—	2	3	
		14 Chamaenerion angusti-folium	1	3	5	
		15 Fragaria vesca	—	—	2	
		16 Veronica chamaedrys	—	3	1	
		17 Arabis turrita	—	3	6	
	13.00	18 Taraxacum officinale	—	4	4	
		19 Geum urbanum	—	4	6	
		20 Euphorbia amygdaloides	—	5	6	
3. 6. 1961	14.00	1 Primula elatior	—	4	4	
		2 Astrantia major	—	—	2	
		3 Epilobium montanum	—	2	6	
		4 Primula auricula	—	1	2	
		5 Senecio fuchsii	—	4	4	
		6 Cruciata chersonensis	—	5	6	
		7 Hypericum maculatum	—	2	4	
		8 Ranunculus acer	2	6	6	
		9 Lamium maculatum	—	5	6	
		10 Lilium martagon	—	4	—	
		11 Luzula silvatica	—	4	6	
		12 Chrysanthemum corym-bosum	—	4	5	
		13 Paris quadrifolia	—	3	5	
		14 Veratrum album	—	4	4	
		15 Geranium robertianum	—	4	6	
		16 Fagus silvatica	—	—	3	
		17 Petasites albus	—	3	—	
	15.00	18 Salix grandifolia	4	—	6	
		19 Daphne mezereum	—	5	6	
		20 Myosotis silvatica	—	4	6	
		21 Polygala amara	—	3	5	
		22 Lotus corniculatus	—	4	2	
		23 Gentiana asclepiadia	—	3	6	
		24 Solidago virgaurea	—	5	4	
		25 Sorbus aria	—	3	3	
		26 Lonicera xylosteum	—	2	4	
3. 6. 1961	16.45	1 Trollius europaeus	—	4	4	
		2 Anemone narcissiflora	—	5	5	
		3 Colchicum autumnale	—	2	6	
		4 Cirsium eriophorum	—	6	6	
		5 Plantago media	—	3	6	
		6 Gymnadenia conopea	—	4	1	
		7 Adenostyles alliariae	—	4	4	
		8 Atropa belladonna	—	5	6	
		9 Cardamine trifolia	—	2	6	

Datum	Uhr-zeit	Pflanze	Par.	Alk.	Xyl.	Al+X
3. 6. 1961	16.45	10 Polygonatum verticillatum	2	3	5	
		11 Carex flacca	—	3	5	
		12 Luzula albida	—	5	6	
		13 Artemisia absinthium	—	6	6	
		14 Veronica fruticosa	—	3	6	
		15 Lamium luteum 1.	—	5	6	
		2.	—	3	2	
		16 Prenanthes purpurea	—	3	2	
		17 Mercurialis perennis	—	3	6	
		18 Lilium martagon	—	6	3	
		19 Bromus ramosus				
		Unterseite	—	—	2	
		Oberseite	—	4	4	
		20 Carex silvatica	—	4	5	
4. 6. 1961	3.45	1 Cruciata chersonensis	—	2	—	
		2 Taraxacum officinale	2	3	6	
		3 Veronica chamaedrys	—	6	6	
		4 Petasites albus	—	3	3	
		5 Cirsium erisithales	—	6	6	
		6 Fagus silvatica	—	—	—	3
		7 Sorbus aucuparia	—	2	—	
		8 Daphne mezereum	—	3	6	
		9 Luzula albida	—	3	3	
		10 Cirsium eriophorum	—	—	—	
		11 Galium silvaticum	—	—	—	
		12 Symphytum tuberosum	—	3	6	
		13 Cirsium erisithales	—	—	3	
		14 Solidago virgaurea	—	—	3	
		15 Valeriana tripteris (Grundblätter)	—	—	2	
		16 Adenostyles alliariae	—	—	—	2
		17 Hieracium murorum	—	—	—	—
		18 Veratrum album	—	4	—	
		19 Vaccinium myrtillus	—	2	4	
		20 Lonicera xylosteum	—	—	4	
		21 Lonicera alpigena	—	—	4	
		22 Polygonatum verticillatum	—	—	4	
		23 Arabis turrita	—	—	6	
		24 Geranium robertianum	—	2	5	
	5.00	25 Lamium maculatum	—	4	6	
		26 Acer pseudoplatanus	—	—	—	3
		27 Adenostyles alliariae	—	4	2	
		28 Luzula silvatica	—	4	5	
		29 Bromus ramosus				
		Unterseite	—	—	—	
		Oberseite	—	3	3	
		30 Primula elatior	—	2	5	

Datum	Uhr- zeit	Pflanze	Par.	Alk.	Xyl.	Al+X
4. 6. 1961	5.00	31 Chrysanthemum corym- bosum	—	—	1	
		32 Origanum vulgare	—	4	2	
		33 Astrantia major	—	—	—	
		34 Lotus corniculatus	—	1	1	
		35 Heracleum sphondylium	—	—	2	
		36 Alchemilla vulgaris	—	3	2	
		37 Ranunculus lanuginosus	—	3	3	
		38 Rumex obtusifolius	—	2	2	
		39 Urtica dioica	—	—	4	
4. 6. 1961	6.00	1 Rosa pendulina	—	2	4	
		2 Sambucus racemosa	—	3	4	
		3 Chenopodium bonus henricus	2	5	5	
		4 Myosotis silvatica	—	2	6	
		5 Ranunculus repens	—	3	2	
		6 Ranunculus acer	2	6	6	
		7 Rumex arifolius	—	2	6	
		8 Sambucus ebulus	—	3	4	
		9 Chamaenerion angusti- folium	—	3	6	
		10 Galium odoratum	—	2	—	
		11 Senecio fuchsii	—	5	2	
		12 Digitalis grandiflora	—	2	6	
		13 Knautia silvatica	2	4	6	
		14 Veronica chamaedrys	—	4	—	
		15 Primula auricula	—	—	2	
	7.25	16 Trollius europaeus	2	3	2	
		17 Anemone nercissiflora	—	3	2	
		18 Colchicum autumnale	—	2	2	
		19 Carex flacca	—	3	5	
		20 Soldanella montana	—	—	5	
		21 Orchis mascula	—	5	5	
		22 Gymnadenia conopea	—	5	—	
		23 Hypericum maculatum	—	—	4	
4. 6. 1961	13.10	1 Sambucus racemosa	—	4	5	
		2 Rosa pendulina	—	2	4	
		3 Acer campestre	—	1	—	3
		4 Sorbus torminalis	—	3	3	
		5 Rumex arifolius	—	3	3	
		6 Symphytum tuberosum	—	6	6	
		7 Primula elatior	—	4	4	
		8 Rubus idaeus	1	—	6	
		9 Astrantia major	—	—	4	
		10 Urtica dioica	—	3	6	
		11 Taraxacum officinale	—	4	6	
		12 Veronica chamaedrys	—	5	6	
		13 Ranunculus repens	2	5	6	
		14 Rumex obtusifolius	—	4	6	

Datum	Uhr-zeit	Pflanze	Par.	Alk.	Xyl.	Al+X
4. 6. 1961	13.10	15 Ranunculus lanuginosus	—	6	6	
		16 Geum urbanum	—	4	6	
		17 Digitalis ambigua	—	3	6	
		18 Knautia silvatica	—	6	6	
		19 Origanum vulgare	—	5	5	
		20 Galium silvaticum	—	4	6	
		21 Sambucus ebulus	1	3	6	
		22 Fragaria vesca	—	3	6	
		23 Arabis turrita	—	2	6	
		24 Luzula albida	—	4	4	
		25 Chrysanthemum corymbosum	—	6	3	
		26 Valeriana tripteris (Grundblätter)	—	5	6	
		27 Primula auricula	—	—	1	
		28 Senecio fuchsii	—	4	4	
		29 Sesleria coerulea Obers.	—	—	—	
		30 Lonicera alpigena	—	2	4	
		31 Chamaenerion angustifolium	—	2	4	
		32 Chenopodium bonus henricus	—	5	6	
		33 Veratrum album	—	3	4	
		34 Trollius europaeus	—	4	4	
		35 Hieracium murorum	1	5	6	
		36 Colchicum autumnale	—	3	6	
		37 Alchemilla vulgaris	—	6	3	
		38 Cirsium erisithales	—	—	4	
		39 Luzula silvatica	—	3	4	
		40 Geranium robertianum	—	2	6	
		41 Lonicera xylosteum	—	2	6	
		42 Solidago virgaurea	—	4	4	
		43 Gentiana asclepiadia	—	3	1	
		44 Bromus ramosus Unterseite	—	—	1	
		Oberseite	—	3	4	
		45 Anemone narcissiflora	—	2	3	
		46 Orchis mascula	—	5	—	
		47 Gymnadenia conopea	—	4	6	
		48 Cirsium eriophorum	—	6	6	
8. 7. 1961	9.30	1 Acer pseudoplatanus	—	2	3	
		2 Rubus idaeus	—	—	5	
		3 Dactylis glomerata Unterseite	—	4	3	
		Oberseite	—	4	5	
		4 Epilobium montanum	—	4	6	
		5 Origanum vulgare	—	6	6	
		6 Adenostyles glabra	—	5	5	

Datum	Uhr-zeit	Pflanze	Par.	Alk.	Xyl.	Al+X
8. 7. 1961	9.30	7 Euphorbia amygdaloides	—	4	6	
		8 Lamium luteum	—	5	5	
		9 Galium odoratum				
		jüngste Blätter	—	2	—	
		ältere Blätter	—	3	4	
		10 Daphne mezereum	—	4	6	
		11 Hypericum maculatum	—	3	3	
		12 Senecio fuchsii	—	4	3	
		13 Taraxacum officinale	—	4	6	
		14 Cirsium eriophorum	—	5	6	
		15 Turritis glabra	—	4	6	
		16 Hordelymus europaeus				
		Unterseite	—	—	—	
		Oberseite	—	3	3	
		17 Veratrum album	1	5	4	
		18 Astrantia major	1	3	4	
		19 Astragalus glycyphyllos	—	2	3	
		20 Veronica chamaedrys	—	4	6	
		21 Lilium martagon	—	5	2	
		22 Cirsium arvense	2	3	6	
		23 Carlina acaulis	—	5	6	
		24 Leontodon hispidus	2	6	6	
		25 Lotus corniculatus	—	4	5	
		26 Cynosurus cristatus				
		Unterseite	—	4	5	
		Oberseite	—	4	5	
		27 Festuca pratensis				
		Unterseite	—	2	4	
		Oberseite	1	4	6	
		28 Digitalis grandiflora	1	5	6	
		29 Veronica officinalis	—	3	6	
		30 Atropa belladonna	—	5	6	
		31 Gentiana asclepiadia	—	4	4	
		32 Carex silvatica	—	—	4	
		33 Mentha longifolia	—	—	—	
8. 7. 1961	11.30	1 Adenostyles glabra	2	5	5	
		2 Acer pseudoplatanus	—	2	3	
		3 Senecio fuchsii	—	3	3	
		4 Origanum vulgare	1	4	6	
		5 Hordelymus europaeus				
		Unterseite	—	2	3	
		Oberseite	—	3	4	
		6 Ranunculus nemorosus	—	5	5	
		7 Taraxacum officinale	—	4	6	
		8 Leontodon hispidus	1	5	6	
		9 Hieracium murorum	—	4	4	
		10 Lotus corniculatus	—	6	6	
		11 Cyclamen purpurascens	—	6	6	

Datum	Uhr-zeit	Pflanze	Par.	Alk.	Xyl.	Al+X
8. 7. 1961	11.30	12 Dactylis glomerata				
		Unterseite	—	—	2	
		Oberseite	—	3	3	
		13 Cirsium eriophorum	—	4	6	
		14 Galium odoratum	—	3	4	
		15 Euphorbia amygdaloides	1	4	6	
		16 Chrysanthemum corym-bosum	—	4	3	
		17 Veronica chamaedrys	2	4	6	
		18 Valeriana tripteris	—	4	5	
		19 Carlina aucaulis	—	5	3	
		20 Rubus idaeus	—	—	4	
		21 Prenanthes purpurea	—	5	3	
		22 Daphne mezereum	—	2	4	
		23 Plantago media	2	4	6	
		24 Sambucus racemosa	2	4	4	
	13.45	25 Atropa belladonna	—	3	4	
		26 Gentiana verna	—	4	6	
		27 Astrantia major	—	3	—	
		28 Campanula trachaelium	—	5	5	
		29 Stachys silvatica	—	4	6	
		30 Gentiana asclepiadea	—	4	4	
		31 Alchemilla vulgaris	—	4	4	
		32 Veratrum album	2	4	4	
		33 Geranium robertianum	—	3	4	
		34 Ranunculus nemorosus				
		Stengelblatt	—	5	4	
		35 Urtica dioica	—	2	3	
		36 Cirsium erisithales	—	4	6	
		37 Cruciata chersonensis	—	3	4	
		38 Carex silvatica	—	2	4	
	14.25	39 Aconitum napellus	—	4	—	
9. 7. 1961	3.40	1 Astrantia major	—	2	2	
		2 Cirsium eriophorum	3	3	2	
		3 Dactylis glomerata				
		Stengelblatt Unterseite	—	—	3	
		Junges Blatt Unterseite	—	—	2	
		Oberseite	—	—	3	
		4 Taraxacum officinale	—	2	2	
		5 Atropa belladonna	—	—	1	
		6 Origanum vulgare	—	3	5	
		7 Carlina acaulis	—	—	—	
		8 Veratrum album	—	5	3	
		9 Senecio fuchsii	—	2	1	
		10 Acer campestre	—	—	—	3
		11 Daphne mezereum	—	—	4	
		12 Adenostyles alliariae	—	2	3	

Datum	Uhr-zeit	Pflanze	Par.	Alk.	Xyl.	Al+X
9. 7. 1961	3.40	13 Hordelymus europaeus				
		Unterseite	—	—	2	
		Oberseite	—	2	2	
		14 Digitalis grandiflora	—	3	4	
		15 Euphorbia amygdaloides	—	3	6	
		16 Lamium luteum	—	1	2	
		17 Veronica chamaedrys	—	1	1	
		18 Epilobium montanum	—	4	6	
		19 Ranunculus lanuginosus	—	4	6	
		20 Plantago media	—	3	6	
		21 Gentiana asclepiadea	—	3	3	
		22 Rosa canina	—	2	1	
9. 7. 1961	7.00	1 Senecio fuchsii	—	3	2	
		2 Acer pseudoplatanus	—	2	3	
		3 Daphne mezereum	—	—	5	
		4 Galium odoratum	—	2	3	
		5 Sambucus racemosa	—	5	5	
		6 Veratrum album	—	4	3	
		7 Cirsium eriophorum	—	3	6	
		8 Origanum vulgare	—	3	6	
		9 Rubus idaeus	—	—	4	
		10 Epilobium montanum	—	3	6	
		11 Taraxacum officinale	—	3	6	
		12 Leontodon hispidus	—	5	6	
		13 Adenostyles alliariae	—	3	2	
		14 Rosa canina	—	3	3	
		15 Euphorbia amygdaloides	—	4	6	
		16 Atropa belladonna	—	4	6	
		17 Hordelymus europaeus				
		Oberseite	—	—	3	
		18 Plantago media	—	3	6	
		19 Cruciata chersonensis	—	4	4	
		20 Ranunculus lanuginosus	—	4	4	
		21 Astrantia major	—	1	3	
	9.15	22 Gentiana asclepiadea	—	3	3	
	17.30	1 Digitalis grandiflora	—	4	6	
		2 Taraxacum officinale	—	5	6	
		3 Ranunculus nemorosus	—	6	6	
		4 Carlina acaulis	—	4	5	
		5 Cirsium arvense	—	3	6	
		6 Helianthemum ovatum	—	3	6	
		7 Veratrum album	—	4	3	
		8 Rubus idaeus	—	—	4	
		9 Astrantia major	—	2	3	
		10 Cirsium eriophorum	—	3	1	
		11 Euphrasia salisburgensis	—	4	5	
		12 Origanum vulgare	—	5	6	
		13 Gentiana asclepiadea	—	3	3	
		14 Gentiana verna	—	4	6	

Datum	Uhr-zeit	Pflanze	Par.	Alk.	Xyl.	Al+X
9. 7. 1961	17.30	15 Adenostyles glabra	—	3	3	
		16 Atropa belladonna	2	5	3	
		17 Acer pseudoplatanus	—	2	3	
		18 Euphorbia amygdaloides	—	3	4	
		19 Plantago media	—	3	6	
		20 Leontodon hispidus	—	4	6	
		21 Daphne mezereum	—	3	5	
		22 Cynosurus cristatus				
		Unterseite	—	—	—	
		Oberseite	—	2	1	
		23 Dactylis glomerata				
		Stengelblatt Unterseite	—	—	—	
		Oberseite	—	3	3	
		24 Trifolium pratense	—	4	4	
		25 Prunella vulgaris	—	3	4	
		26 Sambucus racemosa	—	3	4	
		27 Senecio fuchsii	—	3	—	
		28 Veronica chamaedrys	—	3	4	
		29 Cruciata chersonensis	—	—	2	
		30 Epilobium montanum	1	4	6	
		31 Valeriana tripteris	—	3	5	
		32 Hordelymus europaeus				
		Unterseite	—	—	2	
		Oberseite	—	3	3	
	18.55	33 Rosa canina	—	3	3	
2. 9. 1961	13.00	1 Gentiana ciliata	—	2	3	
		2 Plantago media	—	3	6	
		3 Leontodon hispidus	2	2	2	
		4 Carlina acaulis	—	2	—	
		5 Gentiana austriaca	—	2	6	
		6 Carex flacca	—	—	5	
		7 Chamaebuxus alpestris	—	—	4	
		8 Daphne mezereum	—	2	6	
		9 Helianthemum ovatum	—	—	3	
		10 Veronica chamaedrys	—	—	4	
		11 Alchemilla vulgaris	2	5	4	
		12 Astrantia major	—	2	4	
		13 Ranunculus lanuginosus	—	5	5	
	14.00	1 Acer pseudoplatanus	—	2	2	
		2 Fagus silvatica	—	3	3	
		3 Euphorbia amygdaloides	—	—	6	
		4 Taraxacum officinale	—	3	6	
		5 Cirsium eriophorum	1	6	6	
		6 Hypericum perforatum	—	1	2	
		7 Carex silvatica	—	—	4	
		8 Dactylis glomerata	—	—	2	
		9 Senecio fuchsii	2	3	4	
		10 Calamintha clinopodium	—	4	6	

Datum	Uhr-zeit	Pflanze	Par.	Alk.	Xyl.	Al+X
2. 9. 1961	14.00	11 Origanum vulgare	—	5	6	
		12 Linaria vulgaris	—	—	6	
		13 Ajuga reptans	—	—	2	
		14 Arabis turrita	—	—	6	
		15 Rosa canina	—	—	4	
		16 Gentiana austriaca	—	1	6	
		17 Atropa belladonna	—	3	3	
2. 9. 1961	15.00	1 Rosa canina	—	2	3	
		2 Cirsium arvense	—	3	6	
		3 Sambucus ebulus	—	3	4	
		4 Solidago virgaurea	—	2	5	
		5 Prenanthes purpurea	—	2	2	
		6 Mentha longifolia	—	—	—	
		7 Cirsium erisithales	—	2	6	
		8 Lonicera xylosteum	—	2	3	
		9 Gentiana asclepiadea	—	1	3	
		10 Ranunculus nemorosus	—	4	4	
		11 Sorbus aucuparia	—	2	3	
		12 Galium odoratum	—	2	3	
		13 Cyclamen purpuascens	—	—	—	
		14 Hieracium murorum	—	—	—	
		15 Valeriana tripteris	—	3	5	
		16 Dryopteris filix mas	—	3	4	
		17 Polygonatum verticillatum	—	3	4	
		18 Carduus glaucus	—	2	2	
		19 Euphrasia salisburgensis	—	2	5	
2. 9. 1961	16.00	1 Lonicera alpigena	—	2	4	
		2 Senecio fuchsii	2	2	2	
		3 Hordelymus europaeus				
		Unterseite	—	1	3	
		Oberseite	—	—	3	
		4 Lamium luteum	—	1	4	
		5 Adenostyles alliariae (im Baumschatten)	—	3	3	
		6 Gentiana austriaca (im Schatten)	—	1	6	
		7 Gentiana ciliata (im Schatten)	—	—	6	
		8 Gentiana asclepiadea (im Schatten)	—	2	3	
		9 Ajuga reptans (im Schatten)	—	1	1	
		10 Euphorbia amygdaloides	—	—	2	
2. 9. 1961	21.00	1 Cirsium eriophorum	—	—	—	
		2 Hypericum maculatum	—	—	—	
		3 Acer pseudoplatanus	—	2	2	
		4 Senecio fuchsii	—	2	1	

Datum	Uhr- zeit	Pflanze	Par.	Alk.	Xyl.	Al+X
2. 9. 1961	21.00	5 Origanum vulgare (uneinheitlich)	—	3	2	
			—	—	—	
			—	—	3	
		6 Euphorbia amygdaloides	—	—	—	
		7 Taraxacum officinale	—	—	1	
		8 Calamintha clinopodium	—	2	4	
		9 Carex silvatica	—	—	—	
		10 Cirsium arvense	—	—	1	
		11 Astragalus glycyphyllos	—	1	2	
		12 Plantago media	—	3	6	
		13 Carlina acaulis	—	3	6	
		14 Fagus silvatica	—	—	—	
		15 Veronica chamaedrys	—	—	—	
		16 Daphne mezereum	—	2	3	
		17 Astrantia major	2	2	2	
		18 Leontodon hispidus	—	2	2	
		19 Euphorbia salisburgensis	2	2	4	
		20 Ranunculus nemorosus	—	3	3	
		21 Gentiana austriaca	—	3	2	
		22 Gentiana asclepiadea	—	2	2	
3. 9. 1961	1.00	1 Cyclamen purpurascens	—	—	—	
		2 Hieracium murorum	—	—	—	
		3 Fagus silvatica	—	—	—	2
		4 Daphne mezereum	—	—	2	
		5 Acer pseudoplatanus	—	—	1	
		6 Astrantia major	—	2	—	
		7 Cirsium erisithales	—	—	—	
		8 Senecio fuchsii	—	—	—	
		9 Carlina acaulis	—	1	—	
		10 Calamintha clinopodium (Blätter vergilbt)	—	—	—	
		11 Plantago media	—	3	6	
		12 Gentiana austriaca	—	3	4	
		13 Euphorbia amygdaloides	—	—	3	
		14 Digitalis grandiflora	—	2	6	
		15 Calamintha clinopodium	—	2	4	
		16 Cirsium arvense	—	—	—	
		17 Origanum vulgare	—	3	6	
		18 Cirsium eriophorum	2	2	4	
		19 Atropa belladonna	—	—	—	
		20 Rosa canina	2	3	2	
1. 9. 1962	17.00	1 Astrantia major	—	2	2	
		2 Cruciata chersonensis	—	—	—	1
		3 Veronica chamaedrys	—	—	4	
		4 Campanula rapunculoides	—	3	3	
		5 Taraxacum officinale	—	2	4	
		6 Astragalus glycyphyllos	—	—	—	1
		7 Tussilago farfara	—	—	—	

Datum	Uhr-zeit	Pflanze	Par.	Alk.	Xyl.	Al+X
1. 9. 1962	17.00	8 Leontodon hispidus	—	3	6	
		9 Euphrasia salisburgensis	3	6	6	
		10 Calamintha clinopodium	—	2	6	
		11 Origanum vulgare	—	3	2	
		12 Picris hieracioides	2	3	6	
		13 Cirsium eriophorum	—	—	6	
		14 Atropa belladonna	—	4	5	
		15 Cirsium arvense	—	3	6	
		16 Euphorbia amygdaloides	—	4	4	
		17 Daphne mezereum	—	—	3	
		18 Gentiana austriaca	—	—	3	
		(junges Exemplar)				
		19 Gentiana asclepiadea	—	3	3	
		20 Plantago media	2	4	6	
		21 Senecio fuchsii	—	3	4	
		22 Hordelymus europaeus				
		Unterseite	—	—	—	
		Oberseite	—	—	3	
		23 Cirsium erisithales	—	1	1	3
		24 Scrophularia nodosa	—	—	—	1
		25 Acer pseudoplatanus	—	3	3	
		26 Alchemilla vulgaris	—	3	—	
		27 Rosa canina	—	3	2	
		28 Carlina acaulis	—	5	6	
1. 9. 1962	19.00	1 Astrantia major	—	3	3	
		2 Calamintha clinopodium	—	—	3	
		3 Taraxacum officinale	—	—	—	—
		4 Euphorbia amygdaloides	—	—	—	—
		5 Leontodon hispidus	—	3	3	
		6 Cirsium eriophorum	2	3	5	
		7 Cirsium arvense	—	3	3	
		8 Astragalus glycyphyllos	—	3	3	
		9 Carlina acaulis	—	3	—	
		10 Origanum vulgare	—	3	1	
		11 Atropa belladonna	—	3	1	
		12 Euphrasia salisburgensis	2	5	4	
		13 Plantago media	3	4	6	
		14 Acer pseudoplatanus	—	—	—	—
		15 Gentiana asclepiadea	—	3	3	
		16 Ranunculus nemorosus	—	1	6	
		17 Daphne mezereum	—	5	4	
		18 Senecio fuchsii	—	—	—	—
		19 Galium odoratum	—	—	—	—
		20 Hypericum maculatum	—	—	2	
		21 Veronica chamaedrys	—	—	—	—
		22 Rosa canina	—	—	—	—
2. 9. 1962	1.00	1 Astragalus glycyphyllos	1	3	3	
		2 Polygonatum verticillatum	—	4	5	

Datum	Uhr-zeit	Pflanze	Par.	Alk.	Xyl.	Al+X
2. 9. 1962	1.00	3 Galium odoratum	—	—	—	—
		4 Hieracium murorum	—	—	—	—
		5 Leontodon hispidus	—	—	6	
		6 Cirsium eriophorum	—	3	6	
		7 Taraxacum officinale	—	—	2	
		8 Alchemilla vulgaris	—	—	—	—
		9 Astrantia major	—	2	2	
		10 Plantago media	—	4	4	
		11 Euphrasia salisburgensis	—	4	4	
		12 Cirsium arvense	—	3	3	
		13 Euphorbia amygdaloides	—	—	4	
		14 Calamintha clinopodium	—	1	3	
		15 Atropa belladonna	—	2	—	
		16 Origanum vulgare	—	3	4	
		17 Daphne mezereum	—	3	4	
		18 Carlina acaulis	—	—	—	—
		19 Gentiana asclepiadea	—	3	—	
		20 Adenostyles glabra	—	3	—	
		21 Senecio fuchsii	—	2	—	
		22 Acer pseudoplatanus	—	—	—	3
		23 Sambucus racemosa	—	3	—	
		24 Rosa canina	—	—	—	—

2. Verschiedene Beobachtungen in der subalpinen und alpinen Stufe

a) Niederösterreich—Steiermark, Nördliche Kalkalpen, Rax-Alpe. Geologischer Untergrund Wettersteinkalk.

2. 7. 1961. 0.30 Uhr. Neben dem Habsburghaus, 1785 m. Mondhell, taunaß. Mittlerer Infiltrationswert[1]) 4,4.

		Par.	Alk.	Xyl.	Al + X
1	Alchemilla vulgaris	—	3	3	
2	Ranunculus acer	—	2	5	
3	Taraxacum alpinum	—	3	5	
4	Anemone narcissiflora	—	4	4	
5	Soldanella alpina	—	—	—	
6	Carduus defloratus	2	2	5	
7	Senecio subalpinus	—	2	—	
8	Ligusticum mutellina	—	—	3	
9	Ranunculus montanus	—	4	2	
10	Veratrum album	—	4	4	

[1]) siehe S. 5.

	Par.	Alk.	Xyl.	Al + X
11 Adenostyles alliariae	—	3	—	
12 Aconitum napellus s. l.	—	1	—	1
13 Aster bellidiastrum	—	4	—	
14 Armeria alpina	—	—	—	
15 Achillea clavenae	—	1	—	
16 Doronicum calcareum	—	5	—	
17 Saxifraga rotundifolia	—	4	1	

2. 7. 1961. 12.00 Uhr. Neben dem Preinerkreuz, 1783 m. Caricetum firmae. Pralle Sonne. Mittlerer Infiltrationswert 4,2.

	Par.	Alk.	Xyl.	Al + X
1 Potentilla clusiana	—	3	5	
2 Helianthemum alpestre	—	2	6	
3 Dryas octopetala	—	—	2	
4 Anthyllis vulneraria subsp. alpestris	—	—	4	
5 Genista pilosa	—	1	4	
6 Globularia cordifolia	—	—	1	
7 Helianthemum nitidum	—	—	1	
8 Achillea clavenae	—	—	4	
9 Arctostaphylos uva ursi	—	2	2	

3. 7. 1961. 0.30 Uhr. Neben dem Habsburghaus, 1785 m. Mondhell, taunaß. Mittlerer Infiltrationswert 4,4.

	Par.	Alk.	Xyl.	Al + X
1 Ranunculus montanus	—	3	6	
2 Ranunculus acer	—	4	2	
3 Helianthemum nitidum	—	3	6	
4 Alchemilla vulgaris	—	—	4	
5 Anemone narcissiflora	—	3	—	
6 Scabiosa lucida	—	4	—	
7 Anthyllis vulneraria subsp alpestris	—	—	3	
8 Soldanella alpina	—	2	5	
9 Arabis alpina	—	2	6	
10 Epilobium alpestre (uneinheitlich) 1.	—	3	3	
meist 2.	—	3	—	
11 Valeriana montana (Grundblätter)	—	2	1	
12 Aconitum napellus s. l.	—	4	1	
13 Viola biflora	—	3	—	
14 Daphne mezereum	—	3	2	
15 Rumex alpinus	—	—	3	
16 Doronicum calcareum 1.	—	1	—	
2.	—	3	2	
17 Gentiana clusii	—	2	6	
18 Helianthemum alpestre	—	—	6	
19 Globularia cordifolia	—	—	—	
20 Hieracium villosum	—	—	—	
21 Salix alpina	—	—	4	
22 Homogyne discolor	—	—	—	
23 Veratrum album	—	4	3	

		Par.	Alk.	Xyl.	Al + X
24	Ligusticum simplex	—	—	3	
25	Aster bellidiastrum	—	2	1	
26	Gentiana pannonica (untere Blätter)	—	3	6	
	junge Blätter	—	—	—	1

Die Beobachtungen auf der Rax wurden während einer ausgesprochenen Hitzeperiode ausgeführt. Die starke nächtliche Abkühlung, verbunden mit Taubildung, dürfte die Ursache sein, daß trotzdem die meisten Pflanzen die Spalten nachts nicht vollständig geschlossen hatten. Der niedrige mittägliche mittlere Infiltrationswert spricht für eine deutliche, durch Trockenheit bedingte Spaltenverengung an dem betreffenden Standort.

b) Kärnten, Hohe Tauern, Bereich des Hannoverhauses auf dem Ankogel, 2600 m. Geologischer Untergrund Zentralgneis.

28. 7. 1961. 10.25 Uhr. Nebelig, zeitweise aufreißend und sonnig. Mittlerer Infiltrationswert 8,0.

		Par.	Alk.	Xyl.
1	Luzula spadicea	—	3	5
2	Deschampsia caespitosa	—	—	5
3	Oxyria digyna	—	2	6
4	Geum reptans	—	3	6
5	Taraxacum alpinum	2	3	4
6	Myosotis alpestris	—	6	6
7	Veronica alpina	—	4	6
8	Chrysanthemum alpinum	—	2	—
9	Saxifraga androsacea	—	—	—
10	Aconitum napellus	—	3	6
11	Arabis alpina	—	1	6
12	Ranunculus montanus	—	6	6
13	Salix serpyllifolia	—	4	6
14	Androsace obtusifolia	—	6	6
15	Polygonum viviparum	—	6	6
16	Primula minima	—	—	6
17	Ligusticum simplex	—	4	6
18	Phyteuma globulariaefolia	—	4	4
19	Potentilla aurea	2	4	5
20	Trifolium sp.	—	2	3
21	Thymus sp.	—	6	6
22	Senecio carniolicus	—	5	6
23	Gentiana bavarica	—	3	—
24	Cerastium uniflorum	—	4	4
25	Erigeron uniflorus	—	4	3
26	Sibbaldia procumbens	—	2	4
27	Salix herbacea	—	2	4
28	Ranunculus glacialis	—	3	6
29	Soldanella pusilla	—	6	6

29. 7. 1961. 7.30 Uhr. Etwas Neuschnee, Nebel und Scheetreiben.

	Par.	Alk.	Xyl.
1 Primula minima	—	—	1
2 Salix herbacea	—	3	4
3 Pedicularis sp.	—	6	6
4 Oxyria digyna	—	—	6
5 Gentiana bavarica (Blätter naß)	—	—	—

c) Kärnten—Steiermark, Turracher Höhe—Eisenhut[1]). Geologischer Untergrund Metadiabasschiefer überlagert von Tonen und Tuffen.

10. 7. 1962. Almwiese mit Zwergsträuchern (Aveno-Nardetum OBERDORFER 1959) im Bereich der Turracher Höhe, 1750 m. Bewölkung $^6/_{10}$. 14.00 Uhr. Mittlerer Infiltrationswert 9,7.

	Par.	Alk.	Xyl.
1 Vaccinium myrtillus	3	3	4
2 Campanula barbata	—	3	6
3 Arnica montana	—	5	6
4 Potentilla aurea	2	4	5
5 Alchemilla vulgaris	2	4	4
6 Alnus viridis	—	—	3
7 Bartschia alpina	—	4	4
8 Veratrum album	—	4	4
9 Deschampsia caespitosa			
Unterseite	2	1	6
Oberseite	4	6	6
10 Geum montanum	—	5	6

11. 7. 1962. Bei der Gillendorfer Alm (Eisenhut). Rumicetum alpini BEG. 1922. 3.00 Uhr. Sternhell, taufeucht.

	Par.	Alk.	Xyl.
1 Alchemilla vulgaris	—	2	4
2 Rumex alpinus (punktweise wasserinfiltriert)	—	—	6
3 Ranunculus acer	—	5	6
4 Veratrum album	—	4	4

3.10 Uhr. Rhodoreto-Vaccinietum cembretosum PALLM. und HAFFTER 1933. Hier sehr wenig Tau.

	Par.	Alk.	Xyl.
1 Rhododendron ferrugineum	—	—	—
2 Homogyne alpina 1.	—	2	6
2.	—	—	4
3. (taunaß)	—	3	—
3 Vaccinium myrtillus 1.	—	—	2
2.	—	2	2
4 Campanula barbata	—	—	6

[1]) Herrn cand. phil. HELMUT HARTL, der die Vegetation des Eisenhutes pflanzensoziologisch bearbeitet hat, sei für mannigfache Hilfe und Führung im Gelände herzlich gedankt.

9.40 Uhr. Loiseleurio-Cetrarietum Pallmann u. Haffter 1933 in 1800 m Höhe. Bewölkung $^6/_{10}$. Mittlerer Infiltrationswert 8,5.

	Par.	Alk.	Xyl.
1 Loiseleuria procumbens	—	2	—
2 Valeriana celtica	—	4	6
3 Vaccinium myrtillus (zwergig)	—	2	4
4 Carex sempervirens	1	4	4
5 Chrysanthemum alpinum	—	6	6
6 Leontodon helveticus	—	4	6
7 Potentilla aurea	—	6	6
8 Soldanella pusilla	—	3	6
9 Poa alpina			
Unterseite	—	—	4
Oberseite	—	3	6
10 Pulsatilla alpina subsp. austriaca	—	—	5
11 Homogyne alpina	—	3	6

10.40 Uhr. Aveno-Nardetum in 2050 m Seehöhe. Bewölkung $^6/_{10}$.

	Par.	Alk.	Xyl.
Gentiana kochiana	—	3	6
Geum montanum	—	4	6

11.50 Uhr. Grat zwischen Wintertaler und Eisenhut, 2360 m. Bewölkung $^9/_{10}$. Luzuletum spadiceae oxyrietosum Hartl 1963. Mittlerer Infiltrationswert 5,4.

	Par.	Alk.	Xyl.	Al + X
1 Primula viscosa	—	—	—	—
2 Chrysanthemum alpinum	—	4	6	
3 Luzula spadicea	—	4	4	
4 Primula minima	—	—	—	—
5 Salix herbacea	—	2	3	
6 Valeriana supina	—	3	6	
7 Saxifraga androsacea	—	—	6	
8 Ranunculus glacialis	—	—	4	
9 Polypodium vulgare	—	4	3	

13.10 Uhr. Nordhang unter dem Grat. Luzuletum spadiceae hylocomietosum Br.-Bl. 1926. Bewölkung $^8/_{10}$. Mittlerer Infiltrationswert 4,9.

	Par.	Alk.	Xyl.	Al + X
1 Doronicum glaciale	—	2	—	2
2 Vaccinium vitis idaea	—	—	6	
3 Salix retusa	—	3	4	
4 Polygonum viviparum	—	3	4	
5 Cerastium uniflorum	—	—	—	—
6 Geum reptans	—	—	4	
7 Aconitum napellus subsp. tauricum	—	3	5	

14.23 Uhr. Steilhang in 2330 m. Luzuletum spadiceae hylocomietosum.

	Par.	Alk.	Xyl.
Callianthemum coriandrifolium	—	—	4
Arabis alpina	—	—	6

14.35 Uhr. 2000 m. Salicetum retusae-reticulatae BR.-BL. 1926.

	Par.	Alk.	Xyl.
Gentiana bavarica	—	1	3
Gnaphalium norvegicum	2	5	6
Dryas octopetala	—	2	3

15.15 Uhr. 2000 m. Blockhalde. Bewölkung $^9/_{10}$.

	Par.	Alk.	Xyl.
Primula hirsuta	—	—	3

15.50 Uhr. 2000 m. Lägerflur. Bewölkung $^9/_{10}$.

	Par.	Alk.	Xyl.
Gentiana punctata	—	3	—

12. 7. 1962. Rhodoreto-Vaccinietum extrasilvaticum PALLM. u. HAFFTER 1937 in Kontakt mit Lägerflur. Oberhalb Dieslingsee, 2000 m. Bewölkung $^9/_{10}$. Vegetation naß von nächtlichem Regen. 3.50 Uhr. Morgendämmerung. Mittlerer Infiltrationswert 4,7.

	Par.	Alk.	Xyl.	Al + X
1 Gentiana punctata	—	—	—	6
2 Adenostyles alliariae	—	—	4	
3 Soldanella pusilla	—	3	6	
4 Peucedanum ostruthium	—	—	2	
5 Luzula spadicea	—	4	3	
6 Geum montanum	—	3	2	
7 Homogyne alpina	—	3	3	

Bemerkenswert ist die schlechte Infiltrierbarkeit von Gentiana punctata, da die Gentiana-Arten die Spalten in der Regel nachts nicht schließen.

13. 7. 1962. Gillendorfer Alm, 1750 m. 1.45 Uhr. Sternhell, noch regennaß. Mittlerer Infiltrationswert 5,3.

	Par.	Alk.	Xyl.
1 Rumex alpinus	—	—	1
2 Alchemilla vulgaris	—	3	3
3 Rumex arifolius	—	—	2
4 Veratrum album	—	4	4
5 Ranunculus acer	—	4	6
6 Chaerophyllum cicutaria	—	—	4
7 Senecio doronicum	—	5	2

2.10 Uhr. Rhodoreto-Vaccinietum cembretosum. Mittlerer Infiltrationswert 4,7.

	Par.	Alk.	Xyl.	Al + X
1 Campanula barbata	—	—	6	
2 Vaccinium myrtillus	—	—	2	
3 Rhododendron ferrugineum	—	—	—	—
4 Homogyne alpina 1.	—	—	—	—
2.	—	1	4	

	Par.	Alk.	Xyl.	Al+X
5 Geum montanum	—	4	6	
6 Viola biflora	—	3	4	
7 Vaccinium vitis idaea	—	—	4	
8 Potentilla aurea	—	—	3	

11.40 Uhr. Gillendorfer Alm. Nardetum alpigenum BR.-BL. 1950. Bewölkung $^7/_{10}$. Mittlerer Infiltrationswert 10,2.

	Par.	Alk.	Xyl.
1 Potentilla aurea	2	6	6
2 Homogyne alpina	—	5	6
3 Vaccinium myrtillus	—	3	4
4 Veronica bellidioides	—	5	6
5 Geum montanum	—	4	6
6 Arnica montana	—	6	6
7 Vaccinium vitis idaea	—	4	6
8 Campanula barbata	—	5	6
9 Soldanella pusilla	—	5	6
10 Leontodon hispidus	—	3	6
11 Hieracium auricula	—	—	6

12.10 Uhr. Rhodoreto-Vaccinietum cembretosum zwischen Gillendorfer- und Hanser Alm, 1730 m.

	Par.	Alk.	Xyl.
Senecio fuchsii	—	4	4

12.25 Uhr. Gillendorfer Alm. Bewölkung $^8/_{10}$. Mittlerer Infiltrationswert 11,1.

	Par.	Alk.	Xyl.
1 Ranunculus acer	3	6	6
2 Silene vulgaris	—	4	6
3 Veratrum album	—	4	6
4 Alchemilla vulgaris	2	6	5
5 Pedicularis recutita	2	6	5
6 Geum rivale	—	5	6
7 Chaerophyllum cicutaria	2	4	6
8 Senecio rivularis	2	6	6
9 Caltha palustris	—	6	5
10 Rumex alpinus	—	6	6
11 Rumex arifolius	—	3	3

IV. Untersuchungen in den Zitzmannsdorfer Wiesen östlich des Neusiedler Sees

Die Untersuchungsfläche liegt zwischen der Straße Weiden—Podersdorf und dem See. Das Gelände läßt bezüglich der Feuchtigkeit eine deutliche Zonierung erkennen, die von dauernd festem, bis

Für die Werte der folgenden Tabelle gilt sinngemäß die Erläuterung zur Schneeberg-Tabelle auf S. 4.

Datum	Uhr-zeit	Bewölkung in Zehntel	Temperatur	Relative Feuchtig-keit in %	Mittlerer Infil-trations-wert	Arten-zahl
14. 4. 1962	12.10	10		66		
12. 5. 1962	11.00	10 Regen	— 15,0 15,3	58	7,3	29
	15.00		— 14,8 15,2	91 / 68		
9. 6. 1962	11.00	6	16,0 17,4 15,6	91 / 81	8,8	17
	12.00	7	17,6 18,2 16,3	85 / 78	7,4	7
	13.00	6	17,5 21,4 17,8	80 / 65	7,7	14
	14.00	8	18,2 17,8 17,8	76 / 63		
	15.00	8	17,4 16,6 16,5	77 / 58		
	16.00	6	16,8 16,0 17,2	79 / 61		
	17.00	4	16,0 14,7 16,6	80 / 43		
	19.00	3	10,9 11,6 13,2	85 / 73		
	21.00	mondhell Tau	12,2 5,6 8,2	94 / 89	3,5	25
	23.00	mondhell Tau	11,0 5,4 9,4	78 / 87	4,4	24
10. 6. 1962	1.15	sternhell Tau			4,3	20
	6.10	1 Tau	10,5		5,3	24
	8.45	2	14,0		8,8	26
	11.00	3	17,9			
	11.55	2	18,9		8,8	33
10. 8. 1962	18.00	3	21,3 18,4 21,5	86 / 51	5,1	16
	20.00	späte Dämmerung	20,0 15,2 18,0	91 / 71		
	22.00	mondhell Tau	19,0 13,6 18,5	100 / 61	4,1	10
11. 8. 1962	0.30	sternhell Tau	19,0 13,4 15,2	100 / 85	4,5	26
	2.00	sternhell Tau	18,0 11,6 13,1	98 / 86		
	6.00	1 Tau	18,0 15,0 16,0	93 / 80	9,0	30

Datum	Uhr-zeit	Bewölkung in Zehntel	Temperatur			Relative Feuchtigkeit in %	Mittlerer Infiltrationswert	Artenzahl
	8.00	1	18,2	20,6	22,2	88 / 56	9,7	40
	10.00	3	24,4	27,0	24,9	66 / 44	9,6	38
	12.00	3	27,7	27,7	27,1	68 / 38	8,9	34
	14.00	3	25,8	28,7	27,9	68 / 34	9,0	37
	16.00	4	24,3	25,9	27,3	79 / 31	8,3	32
	18.00	2	23,0	22,3	25,2	89 / 55	6,0	36
29. 9. 1962	14.15	2	16,5	18,4	18,7	88 / 62	9,1	37
	16.00	1	15,7	15,6	17,2	96 / 70		
	18.10	späte Dämmerung	12,3	7,1	10,0	98 / 92	8,2	25
	20.00	Taubeginn sternhell	11,0	5,4	9,0	97 / 95	6,2	23
	22.00	Tau sternhell	10,5	5,8	7,4	100 / 98		
	2.00	Tau sternhell	9,1	3,2	5,8	97 / 100	5,3	20
	8.00	0	11,0	12,4	10,4	100 / 97	8,8	31
	10.00	1	15,5	18,8	16,0	87 / 71		
	12.00	0	18,0	21,2	19,3	74 / 59	10,4	38
	14.00	0	18,3	20,4	21,3	85 / 49		

zu dauernd sumpfig-nassem Boden reicht, und umschließt außerdem noch einen künstlichen, im Untersuchungsjahr schon stark verlandeten Wassergraben.

Im Gegensatz zu den Halophytengesellschaften (vgl. WENDELBERGER 1950) steht eine moderne Bearbeitung der Feuchtwiesen des Neusiedler Gebietes noch aus. Kurz besprochen wurden sie von BOJKO (1932). In der Artenzusammensetzung sehr nahestehende Bestände haben WAGNER (1950) und in einer groß angelegten Monographie KOVÁCS (1962) behandelt.

Auch vom engeren Untersuchungsgebiet steht eine genaue Pflanzensoziologische Detailaufnahme noch aus. Die trockeneren Teile sind jedenfalls in den Molinion-Verband, die feuchteren in das Caricion davallianae (wahrscheinlich Schoenetum nigricantis und Juncetum subnodulosi) zu stellen. Der Boden zeigt von trocken gegen feucht, nach einer Aufnahme von Dipl.-Ing. Dr. G. Husz, nachstehende Abfolge: Anmooriger Landboden, Leicht vererdetes Flachmoor, Flachmoor, Sehr nasses Flachmoor.

Das Beobachtungsmaterial vom Neusiedler See ist zwar kleiner als das vom Schneeberg, dafür aber einheitlicher, sodaß auch gewisse Schlüsse auf jahreszeitliche Unterschiede im Verhalten der Pflanzen gezogen werden können.

Wie allgemein in Sumpfwiesen, entfaltet sich die Vegetation ziemlich spät im Jahr. Am 14. 4. waren die meisten Pflanzen noch nicht oder sehr wenig entwickelt. Daher wurden nur zwei Arten untersucht, *Sesleria uliginosa* und *Caltha palustris*, die beide nur schwach infiltrierbar waren, was damit zusammenhängen dürfte, daß jugendliche Blätter im allgemeinen schlechter zu infiltrieren sind als ältere.

Im Mai war die Vegetation schon gut entwickelt und dementsprechend war es auch schon möglich, eine Reihe von Pflanzen zu untersuchen. Auch der mittlere Infiltrationsgrad liegt in Anbetracht des trüben Wetters schon relativ hoch.

Im Juni ist der Wert um 11 Uhr, wohl infolge des mehr sonnigen Wetters, höher als im Mai. Der darauf folgende leichte Abfall, der allerdings aus einem kleineren Material abgeleitet wurde, dürfte mit der abnehmenden Luftfeuchtigkeit zusammenhängen. Bemerkenswert ist der leichte Anstieg während der Nacht. Der folgende Anstieg hängt eindeutig mit dem Lichteinfluß zusammen.

Die Serie vom 10. und 11. 8. zeigt vor allem sehr ähnliche Nachtwerte wie im Juni. Die Tageswerte liegen wohl infolge des sehr sonnigen Wetters noch höher als im Juni, wobei schon am Vormittag mit sinkender Luftfeuchtigkeit eine leichte Depression zu bemerken ist, die gegen Abend in die lichtbedingte Schließbewegung übergeht.

Die Serie Ende September zeigt die höchsten Durchschnittswerte überhaupt, wobei sich die Erhöhung ziemlich gleichmäßig bei Tage und bei Nacht auswirkt. Die Nachtwerte weichen auch insofern von den früheren ab, als sie jetzt die ganze Nacht über langsam abnehmen, während im Juni und im August eine Zunahme oder doch wenigstens ein Stillstand eintrat.

Es folgen die Einzelergebnisse.

Datum	Uhrzeit	Pflanze	Par.	Alk.	Xyl.	Al+X
14. 4. 1961	12.00	1 Sesleria uliginosa				
		Unterseite	—	—	—	2
		Oberseite	—	—	4	5
		2 Caltha palustris	—	—	—	6
12. 5. 1962	11.00	1 Serratula tinctoria	—	6	6	
		2 Tetragonolobus				
		siliquosus[1])	—	3	2	
		3 Achillea asplenifolia	—	4	3	
		4 Centaurea jacea				
		Unterseite	—	6	6	
		Oberseite	—	5	5	
		5 Pastinaca sativa	—	6	6	
		6 Dactylis glomerata				
		Unterseite	—	4	2	
		Oberseite	—	4	3	
		7 Brachypodium pinnatum				
		Unterseite	—	—	3	
		Oberseite	—	—	3	
		8 Sesleria uliginosa				
		Unterseite	—	—	—	3
		Oberseite	—	3	3	
		9 Vicia cracca	—	3	6	
		10 Cirsium canum	—	3	2	
		11 Genista tinctoria	—	4	6	
		12 Ranunculus acer	2	6	6	
		13 Colchicum autumnale				
		Unterseite	—	—	6	
		Oberseite	—	—	6	
		14 Inula salicina				
		Unterseite	—	5	4	
		Oberseite	—	—	3	
		15 Sonchus arvensis	—	3	5	
		16 Deschampsia cespitosa				
		Unterseite	—	—	—	—
		Oberseite	—	3	6	
		17 Phragmites communis				
		Unterseite	—	—	6	
		Oberseite	—	—	6	
		18 Potentilla erecta	—	3	3	
		19 Valeriana dioica				
		Stengelblatt	—	4	5	
		Grundblatt	—	4	5	

[1]) *Tetragonolobus maritimus* subsp. *siliquosus* wird in der Tabelle zu *T. siliquosus* verkürzt.

Datum	Uhr-zeit	Pflanze	Par.	Alk.	Xyl.	Al+X
12. 5. 1962	11.00	20 Caltha palustris	—	5	5	
		21 Mentha aquatica	—	3	3	
		22 Carex acutiformis	—	—	4	
		23 Cirsium rivulare	—	3	6	
		24 Sanguisorba officinalis Infilt. nur an Rändern	—	3	3	
		25 Veratrum album	2	4	4	
		26 Salix repens	—	—	6	
		27 Scorzonera humulis	—	—	4	
		28 Menyanthes trifoliata	—	—	6	
		29 Pinguicula vulgaris Unterseite	—	—	—	6[2])
		Oberseite	—	—	—	6
9. 6. 1962	11.00	1 Serratula tinctoria	—	4	6	
		2 Dactylis glomerata Unterseite	—	2	4	
		Oberseite	—	2	6	
		3 Tetragonolobus siliquosus	—	4	6	
		4 Centaurea jacea	—	5	6	
		5 Pastinaca sativa	—	—	4	
		6 Achillea asplenifolia	—	5	6	
		7 Ononis spinosa	—	6	6	
		8 Ranunculus acer	3	6	6	
		9 Plantago media	—	2	5	
		10 Dorycnium germanicum	—	2	6	
		11 Sesleria uliginosa Unterseite	—	—	—	—
		Oberseite	—	1	3	
		12 Vicia cracca	—	2	6	
		13 Cirsium canum	—	2	4	
		14 Genista tinctoria	—	3	6	
		15 Inula salicina	2	5	6	
		16 Colchicum autumnale	—	2	6	
		17 Sanguisorba officinalis	—	3	3	
9. 6. 1962	13.40	1 Scorzonera humilis	—	3	6	
		2 Cirsium rivulare	—	—	6	
		3 Carex acutiformis	—	—	5	
		4 Carex elata	—	2	6	
		5 Carex panicea	—	—	5	
		6 Eriophorum latifolium	—	3	6	
		7 Gentiana pneumonanthe	—	5	6	

[2]) Bei sehr hohen Infiltrationswerten, die durch succedane Anwendung von Alkohol und Xylol gewonnen wurden, liegt der Verdacht auf eine vorausgehende Schädigung der Schließzellen nahe.

Datum	Uhr-zeit	Pflanze	Par.	Alk.	Xyl.	Al+X
9. 6. 1962	4.00	1 Briza media Unterseite	—	2	4	
		2 Veratrum album	—	3	4	
		3 Potentilla erecta	—	4	6	
		4 Succisa pratensis	—	3	6	
		5 Phragmites communis				
		Unterseite	—	—	6	
		Oberseite	—	—	6	
		6 Pinguicula vulgaris				
		Unterseite	—	—	—	5
		Oberseite	—	—	—	4
		7 Orchis palustris				
		Unterseite	—	—	4	
		Oberseite	—	—	—	—
		8 Caltha palustris	—	3	6	
		9 Valeriana dioica				
		Grundblätter	—	4	5	
		Stengelblätter	—	—	5	
		10 Mentha aquatica	—	2	—	6
		11 Menyanthes trifoliata	—	2	6	
		12 Pedicularis palustris	2	6	6	
		13 Taraxacum palustre	—	2	6	
		14 Trifolium montanum	2	3	6	
	21.00	1 Serratula tinctoria	—	—	3	
		2 Tetragonolobus siliquosus	—	1	1	
		3 Rhinanthus minor	—	5	4	
		4 Ononis spinosa	—	—	—	4
		5 Achillea asplenifolia	—	—	—	—
		6 Centaurea jacea	—	—	2	
		7 Pastinaca sativa	—	2	4	
		8 Dactylis glomerata				
		Unterseite	—	—	—	—
		9 Vicia cracca	—	—	4	
		10 Ranunculus acer	—	3	3	
		11 Colchicum autumnale	—	3	2	4
		12 Cirsium canum	—	—	—	—
		13 Cirsium rivulare	—	—	1	1
		14 Sanguisorba officinalis	—	—	—	2
		15 Scorzonera humilis	—	—	2	
		16 Veratrum album	2	4	3	
		17 Succisa pratensis	—	—	—	3
		18 Phragmites communis				
		Unterseite	—	—	—	3
		Oberseite	—	—	2	
		19 Caltha palustris	—	3	4	
		20 Carex elata	—	—	—	—
		21 Lythrum salicaria	—	—	—	3
		22 Orchis palustris				
		Unterseite	—	—	2	
		Oberseite	—	—	—	—

Datum	Uhr-zeit	Pflanze	Par.	Alk.	Xyl.	Al+X
9. 6. 1962	21.00	23 Menyanthes trifoliata	—	4	5	
		24 Pedicularis palustris	—	4	4	
		25 Potentilla erecta	1	2	4	
	23.00	1 Serratula tinctoria	—	—	2	
		2 Tetragonolobus siliquosus	3	3	4	
		3 Centaurea jacea	—	3	5	
		4 Pastinaca sativa	—	—	4	
		5 Rhinanthus minor	—	4	4	
		6 Achillea asplenifolia	—	—	1	
		7 Ononis spinosa				
		untere Blätter	—	5	3	
		obere Blätter	—	—	—	—
		8 Vicia cracca	—	—	5	
		9 Ranunculus acer	—	3	4	
		10 Dactylis glomerata				
		Unterseite	—	—	—	—
		Oberseite	—	—	—	—
		11 Cirsium canum	—	—	2	
		12 Silene cucubalus	—	3	6	
		13 Sanguisorba officinalis	—	—	—	2
		14 Colchicum autumnale	—	—	—	3
		15 Veratrum album	—	4	4	
		16 Cirsium rivulare	—	—	—	1
		17 Phragmites communis				
		Unterseite	—	—	—	—
		Oberseite	—	—	—	2
		18 Succisa pratensis	—	2	—	2
		19 Caltha palustris	—	3	4	
		20 Carex elata	—	—	—	—
		21 Orchis palustris				
		Unterseite	—	—	3	
		22 Calystegia sepium	—	—	1	
		23 Lythrum salicaria	—	3	5	
		24 Menyanthes trifoliata	—	3	—	
10. 6. 1962	1.15	1 Serratula tinctoria	—	—	—	3
		2 Tetragonolobus siliquosus				
		uneinheitlich: 1.	1	2	2	
		2.	—	—	1	2
		3 Centaurea jacea	2	2	3	
		4 Ononis spinosa	—	2	4	
		5 Achillea asplenifolia	—	—	—	—
		6 Pastinaca sativa	—	3	6	
		7 Ranunculus acer	—	4	4	
		8 Vicia cracca	—	—	4	
		9 Silene cucubalus	—	2	4	
		10 Colchicum autumnale	—	—	—	2
		11 Sanguisorba officinalis	—	—	—	—
		12 Veratrum album	—	3	3	

Datum	Uhr-zeit	Pflanze	Par.	Alk.	Xyl.	Al+X
10. 6. 1962	1.15	13 Cirsium rivulare	—	—	3	
		14 Trifolium montanum	—	—	1	3
		15 Phragmites communis				
		Unterseite	—	—	—	—
		Oberseite	—	—	—	1
		16 Caltha palustris	—	—	3	
		17 Potentilla erecta	—	2	3	
		18 Menyanthes trifoliata	—	2	4	
		19 Lythrum salicaria	—	3	6	
		20 Pedicularis palustris	—	4	4	
	6.10	1 Serratula tinctoria	—	1	3	
		2 Lotus corniculatus	—	—	—	—
		3 Ononis spinosa	—	3	6	
		4 Achillea asplenifolia	—	—	—	2
		5 Vicia cracca	—	—	6	
		6 Centaurea jacea	—	3	—	
		7 Ranunculus acer	—	3	4	
		8 Cirsium canum	—	—	—	
		9 Colchicum autumnale	—	—	4	
		10 Inula salicina	—	3	3	
		(obere Blätter)	—	—	—	1
		11 Veratrum album	—	4	3	
		12 Scorzonera humilis	—	3	6	
		13 Cirsium rivulare	—	1	3	
		14 Orchis palustris	—	1	5	
		15 Phragmites communis				
		Unterseite	—	—	6	
		Oberseite	—	—	6	
		16 Succisa pratensis	—	—	6	
		17 Caltha palustris	—	3	4	
		18 Carex elata	—	—	3	
		19 Potentilla erecta	—	3	4	
		20 Lythrum salicaria	—	3	5	
		21 Sanguisorba officinalis	—	2	2	
		22 Gentiana pneumonanthe	—	2	5	
		23 Calystegia sepium	—	3	4	
		24 Menyanthes trifoliata	—	2	4	
	8.45	1 Serratula tinctoria	—	4	6	
		2 Tetragonolobus siliquosus	—	3	6	
		3 Centaurea jacea	2	4	6	
		4 Achillea asplenifolia	—	4	6	
		5 Pastinaca sativa	—	4	6	
		6 Rhinanthus minor	—	6	4	
		7 Ononis spinosa	—	3	6	
		8 Colchicum autumnale	—	—	3	
		9 Vicia cracca	—	—	6	
		10 Genista tinctoria	—	4	6	
		11 Ranunculus acer	5	6	6	

Datum	Uhr-zeit	Pflanze	Par.	Alk.	Xyl.	Al+X
10. 6. 1962	8.45	12 Trifolium montanum	—	3	5	
		13 Inula salicina	—	4	6	
		(oberes Blatt)	—	—	3	
		14 Cirsium canum	—	2	5	
		15 Sanguisorba officinalis	—	3	3	
		16 Cirsium rivulare	—	1	6	
		17 Scorzonera humilis	—	3	6	
		18 Veratrum album	—	4	4	
		19 Orchis palustris	—	1	6	
		20 Prunella vulgaris	—	4	6	
		21 Valeriana dioica				
		(Grundblätter)	2	3	5	
		22 Potentilla erecta	—	4	4	
		23 Mentha aquatica	2	5	6	
		24 Caltha palustris	—	5	6	
		25 Menyanthes trifoliata	—	2	6	
		26 Carex elata	—	—	4	
	11.55	1 Serratula tinctoria	—	6	6	
		2 Lotus corniculatus				
		(flaumig)	—	2	5	
		3 Tetragonolobus siliquosus	3	6	6	
		4 Achillea asplenifolia	—	4	6	
		5 Lotus cornicultus (zottig)	—	5	6	
		6 Pastinaca sativa	1	3	6	
		7 Centaurea jacea	1	4	6	
		8 Ononis spinosa	2	4	6	
		9 Trifolium pratense	—	6	6	
		10 Rhinanthus minor	—	6	6	
		11 Thesium linophyllon				
		Unterseite	4	4	6	
		Oberseite	3	4	6	
		12 Sesleria uliginosa				
		Unterseite	—	—	—	—
		Oberseite	—	2	4	
		13 Vicia cracca	—	1	6	
		14 Ranunculus acer	2	5	6	
		15 Inula salicina	—	3	4	
		16 Genista tinctoria	—	3	6	
		17 Scorzonera humilis	—	2	6	
		18 Potentilla erecta	—	3	4	
		19 Cirsium canum	—	3	6	
		20 Sanguisorba officinalis	—	3	2	
		21 Succisa pratensis	—	3	6	
		22 Colchicum autumnale	—	3	5	
		23 Cirsium rivulare	—	2	6	
		24 Veratrum album	—	4	5	
		25 Deschampsia caespitosa	—	—	—	1

Datum	Uhr-zeit	Pflanze	Par.	Alk.	Xyl.	Al+X
10. 6. 1962	11.55	26 Phragmites communis				
		Unterseite	—	—	6	
		Oberseite	—	—	6	
		27 Carex elata	—	—	6	
		28 Caltha palustris	—	5	4	
		29 Menyanthes trifoliata	—	3	4	
		30 Orchis palustris	—	—	3	
		31 Calystegia sepium	2	3	5	
		32 Inula salicina	—	3	5	
		33 Lythrum salicaria	—	3	6	
10. 8. 1962	18.00	1 Phragmites communis				
		Unterseite	—	—	3	
		Oberseite	—	—	—	—
		2 Cirsium rivulare	—	—	6	
		3 Potentilla erecta	—	4	4	
		4 Succisa pratensis	—	4	4	
		5 Ranunculus acer	2	5	6	
		6 Mentha aquatica	—	2	6	
		7 Caltha palustris	—	4	5	
		8 Menyanthes trifoliata	—	4	6	
	19.00	9 Sanguisorba officinalis	—	—	—	—
		10 Gentiana pneumonanthe	—	—	—	3
		11 Carex elata	—	—	—	—
		12 Galium boreale	—	5	6	
		13 Centaurea jacea	—	—	—	
		14 Serratula tinctoria	—	—	—	2
		15 Lythrum salicaria	—	2	4	
		16 Calystegia sepium	—	—	—	—
	20.00	1 Caltha palustris	—	6	4	
		2 Potentilla erecta	—	—	—	1
		3 Lythrum salicaria	—	3	6	
		4 Menyanthes trifoliata	—	2	4	
	22.00	1 Serratula tinctoria	—	—	3	
		2 Potentilla erecta	—	2	2	
		3 Sanguisorba officinalis	—	—	—	1
		4 Cirsium rivulare	—	—	2	3
		5 Lythrum salicaria	—	2	5	
		6 Cirsium canum	—	3	6	
		7 Ranunculus acer	—	4	4	
		8 Inula salicina	—	3	3	
		9 Scorzonera humilis	—	—	—	—
		10 Trifolium montanum	—	—	2	
11. 8. 1962	0.30	1 Cirsium rivulare	—	—	3	
		2 Potentilla erecta				
		untere Blätter	—	2	2	
		obere Blätter	—	—	—	—
		3 Ranunculus acer	—	4	4	
		4 Euphrasia stricta	—	4	5	

Datum	Uhr-zeit	Pflanze	Par.	Alk.	Xyl.	Al+X
11. 8. 1962	0.30	5 Sanguisorba officinalis (in Schlafstellung)	—	—	—	6
		6 Trifolium montanum (in Schlafstellung)	—	—	3	
		7 Lotus corniculatus	—	—	2	
		8 Genista tinctoria	—	3	3	
		9 Cirsium canum	—	3	6	
		10 Galium boreale	3	3	4	
		11 Lythrum salicaria	—	3	5	
		12 Caltha palustris	—	4	4	
		13 Samolus valerandi	—	—	—	2
		14 Valeriana dioica	—	—	5	
		15 Serratula tinctoria	—	—	2	
		16 Phragmites communis				
		Unterseite	—	—	—	—
		Oberseite	—	—	—	—
		17 Succisa pratensis (Grundblätter)	—	6	6	
		18 Lycopus europaeus	—	—	6	
		19 Menyanthes trifoliata	—	3	4	
		20 Mentha aquatica	—	—	2	
		21 Inula salicina	—	—	—	1
		22 Carex acutiformis	—	—	4	
		23 Carex elata	—	—	3	
		24 Molinia coerulea				
		Unterseite	—	—	3	
		Oberseite	—	—	—	—
		25 Pastinaca sativa	—	—	3	
		26 Dactylis glomerata				
		Unterseite	—	—	—	—
		Oberseite	—	—	3	
	6.00	1 Gentiana pneumonanthe	—	3	5	
		2 Valeriana dioica	—	—	4	
		3 Potentilla erecta	—	3	4	
		4 Menyanthes trifoliata	—	3	5	
		5 Serratula tinctoria	—	4	6	
		6 Mentha aquatica	—	2	6	
		7 Lycopus europaeus	—	3	6	
		8 Caltha palustris	2	6	6	
		9 Phragmites communis				
		Unterseite	—	—	6	
		Oberseite	—	—	6	
		10 Cirsium rivulare	—	—	5	
		11 Sanguisorba officinalis	—	3	3	
		12 Tetragonolobus siliquosus	—	2	6	
		13 Genista tinctoria	—	4	6	
		14 Euphrasia stricta	3	4	5	
		15 Trifolium montanum	—	2	4	
		16 Lotus corniculatus	—	3	4	

Datum	Uhr-zeit	Pflanze	Par.	Alk.	Xyl.	Al+X
11. 8. 1962	6.00	17 Cirsium canum	—	3	6	
		18 Molinia coerulea				
		Unterseite	—	—	3	
		Oberseite	—	—	6	
		19 Scorzonera humilis				
		Unterseite	—	3	6	
		Oberseite	—	2	6	
		20 Succisa pratensis	3	6	6	
		21 Centaurea jacea	—	3	6	
		22 Ranunculus acer	2	5	6	
		23 Lythrum salicaria	2	4	6	
		24 Potentilla anserina	3	3	4	
		25 Galium boreale	2	6	6	
		26 Trifolium pratense	2	6	6	
		27 Vicia cracca	—	3	6	
		28 Ononis spinosa	—	4	6	
		29 Carex acutiformis	—	1	6	
		30 Carex elata	—	—	4	
	8.00	1 Cirsium rivulare	—	3	6	
		2 Serratula tinctoria	—	5	6	
		3 Sanguisorba officinalis	—	3	3	
		4 Potentilla erecta	2	4	6	
		5 Euphrasia stricta	—	4	6	
		6 Salix repens	4	6	6	
		7 Ranunculus acer	1	6	6	
		8 Scorzonera humilis	—	4	6	
		9 Lotus corniculatus	—	5	6	
		10 Sesleria uliginosa				
		Unterseite	—	—	2	
		Oberseite	—	1	3	
		11 Trifolium pratense	—	4	6	
		12 Succisa pratensis	—	4	6	
		13 Cirsium canum	—	2	6	
		14 Inula salicina	—	6	6	
		15 Vicia cracca	—	2	6	
		16 Centaurea jacea (Grundblätter)	—	3	4	
		17 Trifolium montanum	—	4	4	
		18 Genista tinctoria	—	3	6	
		19 Betonica officinalis	—	5	6	
		20 Galium boreale	—	5	6	
		21 Carex acutiformis	—	—	6	
		22 Mentha aquatica	—	6	6	
		23 Carex elata	—	—	5	
		24 Valeriana dioica	—	4	6	
		25 Phragmites communis				
		Unterseite	—	—	6	
		Oberseite	—	—	6	

Datum	Uhr-zeit	Pflanze	Par.	Alk.	Xyl.	Al+X
11. 8. 1962	8.00	26 Taraxacum palustre	—	6	6	
		27 Menyanthes trifoliata	—	2	6	
		28 Lythrum salicaria	—	6	6	
		29 Calystegia sepium	—	—	4	
		30 Caltha palustris	—	3	3	
		31 Gentiana pneumonanthe	—	6	6	
		32 Tetragonolobus siliquosus	3	6	6	
		33 Lycopus europaeus	—	6	6	
		34 Pulicaria dysenterica	—	6	6	
		35 Parnassia palustris	2	6	6	
		36 Pastinaca sativa	2	3	6	
		37 Eupatorium cannabinum	—	3	6	
		38 Dactylis glomerata				
		Unterseite	—	—	5	
		Oberseite	—	3	4	
		39 Molinia coerulea				
		Unterseite	—	—	3	
		Oberseite	—	—	6	
		40 Ononis spinosa	—	5	6	
	10.00	1 Cirsium rivulare	—	—	3	
		2 Serratula tinctoria	—	2	6	
		3 Potentilla erecta	4	4	5	
		4 Succisa pratensis				
		(Grundblätter)	2	5	6	
		5 Scorzonera humilis	1	5	6	
		6 Ranunculus repens	2	6	6	
		7 Centaurea jacea				
		(Grundblätter)	—	2	6	
		8 Vicia cracca	—	—	6	
		9 Inula salicina	—	4	6	
		10 Plantago media	—	6	6	
		11 Trifolium pratense	2	4	5	
		12 Cirsium canum	—	—	2	
		13 Ononis spinosa	—	6	6	
		14 Lotus corniculatus	—	4	6	
		15 Trifolium montanum	—	3	5	
		16 Iris sibirica	—	3	3	
		17 Sanguisorba officinalis	2	3	3	
		18 Euphrasia stricta	1	6	6	
		19 Galium boreale	5	6	6	
		20 Caltha palustris	2	3	6	
		21 Menyanthes trifoliata	—	—	3	
		22 Valeriana dioica	2	4	6	
		23 Carex elata	2	—	4	
		24 Phragmites communis				
		Unterseite	—	—	6	
		Oberseite	—	6	6	
		25 Lythrum salicaria	—	6	6	

Datum	Uhr-zeit	Pflanze	Par.	Alk.	Xyl.	Al+X
11. 8. 1962	10.00	26 Calystegia sepium	—	3	4	
		27 Parnassia palustris	2	6	6	
		28 Mentha aquatica	—	4	6	
		29 Gentiana pneumonanthe	—	4	6	
		30 Eupatorium cannabinum	3	4	6	
		31 Lycopus europaeus	—	5	6	
		32 Pulicaria dysenterica	5	6	6	
		33 Lysimachia vulgaris	2	4	4	
		34 Potentilla anserina	3	3	6	
		35 Molinia coerulea				
		Unterseite	—	—	4	
		Oberseite	—	—	3	
		36 Carex acutiformis	—	—	6	
		37 Genista tinctoria	—	2	6	
		38 Tetragonolobus siliquosus	2	4	6	
	12.00	1 Lotus corniculatus	1	6	6	
		2 Cirsium rivulare	—	—	6	
		3 Serratula tinctoria	—	6	6	
		4 Sanguisorba officinalis	—	6	6	
		5 Euphrasia stricta	3	6	6	
		6 Ranunculus acer	—	6	6	
		7 Succisa pratensis (Grundblätter)	5	6	6	
		8 Parnassia palustris	—	6	6	
		9 Potentilla erecta	3	6	6	
		10 Menyanthes trifoliata	—	2	3	
		11 Phragmites communis				
		Unterseite	—	—	6	
		Oberseite	—	—	6	
		12 Mentha aquatica	—	6	6	
		13 Inula salicina	1	6	6	
		14 Samolus valerandi	—	2	6	
		15 Caltha palustris	—	4	4	
		16 Alisma plantago	—	4	6	
		17 Cirsium canum	—	—	5	
		18 Lysimachia vulgaris	—	6	6	
		19 Calystegia sepium	—	3	5	
		20 Scorzonera humilis	—	1	6	
		21 Gentiana pneumonanthe	—	5	6	
		22 Eupatorium cannabinum	2	4	6	
		23 Lysimachia vulgaris	2	4	4	
		24 Teucrium scorodonia	—	—	6	
		25 Pulicaria dysenterica	2	3	6	
		26 Carex elata	—	—	4	
		27 Lycopus europaeus	—	4	6	
		28 Carex acutiformis	—	—	4	
		29 Vicia cracca	—	2	6	

Datum	Uhr-zeit	Pflanze	Par.	Alk.	Xyl.	Al+X
11. 8. 1962	12.00	30 Molinia coerulea				
		Unterseite	—	—	4	
		Oberseite	—	—	4	
		31 Dactylis glomerata				
		Unterseite	—	—	3	
		Oberseite	—	2	4	
		32 Sesleria uliginosa				
		Unterseite	—	—	3	
		Oberseite	—	—	4	
		33 Tetragonolobus siliquosus	2	6	6	
		34 Centaurea jacea	—	3	6	
	14.00	1 Cirsium rivulare	—	—	3	
		2 Lotus corniculatus	3	4	6	
		3 Ranunculus acer	2	4	6	
		4 Serratula tinctoria	—	4	6	
		5 Euphrasia stricta	2	6	6	
		6 Trifolium pratense	2	6	6	
		7 Sanguisorba officinalis	2	3	3	
		8 Genista tinctoria	2	3	6	
		9 Trifolium montanum	—	2	4	
		10 Betonica officinalis	—	5	6	
		11 Galium boreale	—	4	6	
		12 Iris sibirica	—	3	3	
		13 Vicia cracca	—	1	6	
		14 Potentilla tormentilla	—	3	4	
		15 Scorzonera humilis	—	5	6	
		16 Sanguisorba officinalis	—	2	3	
		17 Carex elata	—	—	4	
		18 Succisa pratensis	3	6	6	
		(Grundblätter)				
		19 Caltha palustris	—	4	4	
		20 Menyanthes trifoliata	—	1	3	
		21 Calystegia sepium	—	3	6	
		22 Lythrum salicaria	1	6	6	
		23 Lycopus europaeus	—	4	6	
		24 Inula salicina	—	3	6	
		25 Tetragonolobus siliquosus	3	6	6	
		26 Phragmites communis				
		Unterseite	—	—	6	
		Oberseite	—	—	6	
		27 Gentiana pneumonanthe	—	3	6	
		28 Teucrium scorodonia	1	—	6	
		29 Butomus umbellatus	2	4	6	
		30 Mentha aquatica	3	5	6	
		31 Pulicaria dysenterica	—	4	6	
		32 Pastinaca sativa	—	2	6	
		33 Carex acutiformis	—	—	4	

Datum	Uhr-zeit	Pflanze	Par.	Alk.	Xyl.	Al+X
11. 8. 1962	14.00	34 Molinia coerulea				
		Unterseite	—	—	3	
		Oberseite	—	—	6	
		35 Centaurea jacea	—	3	6	
		36 Sesleria uliginosa				
		Unterseite	—	—	—	—
		Oberseite	—	—	4	
		37 Dactylis glomerata				
		Unterseite	—	4	6	
		Oberseite	—	4	6	
	16.00	1 Cirsium rivulare	—	—	4	
		2 Cirsium canum	—	6	6	
		3 Ranunculus acer	—	6	6	
		4 Trifolium pratense	2	5	6	
		5 Euphrasia stricta	2	4	6	
		6 Centaurea jacea	—	3	6	
		7 Trifolium montanum	—	5	4	
		8 Genista tinctoria	—	3	6	
		9 Scorzonera humilis	—	3	6	
		10 Galium boreale	2	6	6	
		11 Lotus corniculatus	—	4	6	
		12 Tetragonolobus siliquosus	2	5	6	
		13 Sanguisorba officinalis	—	3	3	
		14 Vicia cracca	—	3	6	
		15 Carex elata	—	—	4	
		16 Caltha palustris	—	4	4	
		17 Succisa pratensis (Grundblätter)	—	3	6	
		18 Menyanthes trifoliata	—	2	4	
		19 Serratula tinctoria	—	1	3	
		20 Phragmites communis				
		Unterseite	—	—	6	
		Oberseite	—	—	6	
		21 Potentilla erecta	—	3	5	
		22 Lythrum salicaria	1	5	6	
		23 Samolus valerandi	—	—	6	
		24 Mentha aquatica	—	3	6	
		25 Gentiana pneumonanthe	—	2	5	
		26 Lycopus europaeus	—	3	6	
		27 Calystegia sepium	—	3	6	
		28 Molinia coerulea				
		Unterseite	—	—	3	
		Oberseite	—	—	6	
		29 Dactylis glomerata				
		Unterseite	—	—	4	
		Oberseite	—	—	4	
		30 Centaurea jacea	—	3	6	

Datum	Uhr-zeit	Pflanze	Par.	Alk.	Xyl.	Al+X
11. 8. 1962	16.00	31 Sesleria uliginosa				
		Unterseite	—	—	—	—
		Oberseite	—	1	3	
		32 Ononis spinosa	—	5	6	
	18.00	1 Vicia cracca	—	3	6	
		2 Cirsium canum	—	2	6	
		3 Serratula tinctoria	—	4	6	
		4 Centaurea jacea	2	4	6	
		5 Euphrasia stricta	2	4	6	
		6 Ranunculus acer	1	5	6	
		7 Genista tinctoria	—	2	2	
		8 Trifolium montanum	—	—	—	—
		9 Inula salicina	1	4	6	
		10 Sanguisorba officinalis	2	2	2	
		(andere Blätter schon in Schlafstellung)	—	—	—	—
		11 Potentilla erecta	—	3	3	
		12 Leontodon hispidus	—	—	6	
		13 Galium boreale	—	—	3	
		14 Scorzonera humilis	—	2	6	
		15 Tetragonolobus siliquosus	—	2	6	
		16 Trifolium pratense	—	5	6	
		17 Cirsium canum	—	—	2	
		18 Galium boreale (uneinheitlich)	—	5	—	
		andere Pflanzen	—	5	6	
		19 Cirsium rivulare	—	1	3	
		20 Lotus corniculatus	—	—	—	—
		21 Succisa pratensis (Grundblätter)	—	—	4	
		22 Carex elata	—	—	4	
		23 Samolus valerandi	—	—	2	
		24 Valeriana dioica	—	—	3	
		25 Lythrum salicaria	—	2	5	
		26 Lysimachia vulgaris	—	2	—	
		27 Caltha palustris	—	2	3	
		28 Calystegia sepium	—	—	—	—
		29 Phragmites communis				
		Unterseite	—	—	3	
		Oberseite	—	—	—	—
		30 Menyanthes trifoliata	3	6	6	
		31 Mentha aquatica	—	3	2	
		32 Pulicaria dysenterica	—	3	6	
		33 Teucrium scorodonia				
		obere Blätter	—	—	6	
		untere Blätter	—	—	—	—
		34 Lycopus europaeus	—	—	4	

Datum	Uhr-zeit	Pflanze	Par.	Alk.	Xyl.	Al+X
11. 8. 1962	18.00	35 Molinia coerulea				
		Unterseite	—	—	—	—
		Oberseite	—	—	2	
		36 Dactylis glomerata				
		Unterseite	—	—	—	—
		Oberseite	—	—	3	
29. 9. 1962	14.15	1 Sesleria uliginosa				
		Unterseite	—	—	—	—
		Oberseite	—	1	4	
		2 Ranunculus acer	2	6	6	
		3 Succisa pratensis	4	6	6	
		4 Sanguisorba officinalis	—	3	3	
		5 Gentiana pneumonanthe	—	5	6	
		6 Leontodon hispidus	1	6	6	
		7 Galium boreale	—	5	6	
		8 Trifolium montanum	2	4	5	
		9 Serratula tinctoria	3	6	6	
		10 Euphrasia stricta	2	5	5	
		11 Centaurea jacea (Grundblätter)	—	4	6	
		12 Lotus corniculatus	1	5	6	
		13 Trifolium pratense	1	3	5	
		14 Cirsium rivulare	1	3	6	
		15 Lotus siliquosus	3	6	6	
		16 Iris sibirica	—	3	5	
		17 Gentiana austriaca	1	3	6	
		18 Inula salicina	3	6	6	
		19 Potentilla erecta	3	3	6	
		20 Vicia cracca	—	3	6	
		21 Carex acutiformis (sehr uneinheitlich)				
		1. Blatt	3	6	6	
		2. Blatt	—	—	6	
		3. Blatt	3	—	6	
		22 Parnassia palustris	—	5	6	
		23 Valeriana dioica	1	4	6	
		24 Phragmites communis				
		Unterseite	—	—	6	
		Oberseite	—	—	6	
		25 Mentha aquatica	—	5	6	
		26 Carex elata	—	—	4	
		27 Lycopus europaeus	—	3	6	
		28 Lysimachia vulgaris	2	4	4	
		29 Menyanthes trifoliata	2	6	6	
		30 Caltha palustris	3	6	6	
		31 Samolus valerandi	—	—	6	
		32 Calystegia sepium	—	4	6	
		33 Lythrum salicaria	—	3	4	

Datum	Uhr-zeit	Pflanze	Par.	Alk.	Xyl.	Al+X
29. 9. 1962	14.15	34 Scorzonera humilis	1	5	6	
		35 Genista tinctoria	—	3	6	
		36 Ononis spinosa	2	3	6	
		37 Pastinaca sativa	2	3	6	
	18.10	1 Ranunculus acer	3	5	6	
		2 Leontodon hispidus	—	3	6	
		3 Cirsium rivulare	—	3	6	
		4 Centaurea jacea	—	6	1	
		5 Sanguisorba officinalis	—	3	3	
		6 Inula salicina	—	5	6	
		7 Serratula tinctoria	1	6	6	
		8 Gentiana austriaca	—	5	6	
		9 Succisa pratensis	—	5	6	
		10 Parnassia palustris	2	5	6	
		11 Phragmites communis				
		Unterseite	—	—	6	
		Oberseite	—	—	6	
		12 Potentilla erecta	—	3	3	
		13 Caltha palustris	—	5	6	
		14 Scorzonera humilis	—	5	6	
		15 Carex elata	—	—	2	
		16 Mentha aquatica	—	3	6	
		17 Calystegia sepium	—	—	3	
		18 Lycopus europaeus	—	4	5	
		19 Lythrum salicaria	—	5	6	
		20 Gentiana pneumonanthe	—	4	6	
		21 Trifolium pratense	—	—	3	
		22 Cirsium canum	—	3	6	
		23 Carex acutiformis	—	—	4	
		24 Sesleria uliginosa				
		Unterseite	—	—	—	—
		Oberseite	—	—	—	1
		25 Ononis spinosa (uneinheitlich)				
		1. Blatt	—	3	—.	
		2. Blatt	—	3	6	
	20.00	1 Cirsium canum	—	3	6	
		2 Scorzonera humilis	—	—	4	
		3 Serratula tinctoria	—	5	5	
		4 Tetragonolobus siliquosus	—	—	—	—
		5 Sanguisorba officinalis	—	2	3	
		6 Centaurea jacea	—	3	5	
		7 Succisa pratensis	—	6	6	
		8 Ranunculus acer	—	5	6	
		9 Carex acutiformis	—	—	3	
		10 Phragmites communis				
		Unterseite	—	—	4	
		Oberseite	—	—	—	—

Datum	Uhr-zeit	Pflanze	Par.	Alk.	Xyl.	Al+X
29. 9. 1962	20.00	11 Mentha aquatica				
		oberes Blatt	—	—	1	2
		unteres Blatt	—	—	3	
		12 Parnassia palustris	—	5	5	
		13 Potentilla erecta	—	3	3	
		14 Menyanthes trifoliata	—	5	6	
		15 Calystegia sepium	—	—	1	3
		16 Caltha palustris	—	6	6	
		17 Lycopus europaeus	—	—	—	3
		18 Ranunculus repens	—	3	6	
		19 Carex elata	—	—	3	
		20 Sesleria uliginosa				
		Oberseite	—	—	3	
		21 Inula salicina	—	5	4	
		22 Ononis spinosa	—	3	5	
		23 Trifolium montanum	—	—	2	
30. 9. 1962	2.00	1 Pinguicula vulgaris	—	—	—	2
		2 Phragmites communis				
		Unterseite	—	—	6	
		Oberseite	—	—	6	
		3 Parnassia palustris	—	3	6	
		4 Potentilla erecta	—	3	3	
		5 Mentha aquatica	—	—	—	3
		6 Ranunculus acer	—	5	6	
		7 Sanguisorba officinalis	—	2	2	
		8 Inula salicina	—	6	5	
		9 Calystegia sepium	—	—	—	—
		10 Gentiana pneumonanthe	—	4	6	
		11 Cirsium rivulare	—	4	6	
		12 Sesleria uliginosa				
		Oberseite	—	—	3	
		13 Carex elata	—	—	3	
		14 Succisa pratensis	—	5	4	
		15 Trifolium pratense	—	1	2	
		(in Schlafstellung)				
		16 Serratula tinctoria	—	3	4	
		17 Centaurea jacea	—	—	3	
		18 Carex acutiformis	—	—	3	
		19 Ononis spinosa	—	6	3	
		(Jungtrieb)				
		alter blühender Zweig	—	4	—	
		20 Tetragonolobus siliquosus	—	—	—	1
	8.00	1 Cirsium rivulare	—	—	6	
		2 Tetragonolobus siliquosus	—	—	4	
		3 Galium boreale	—	3	6	
		4 Sanguisorba officinalis	—	2	3	
		5 Lotus corniculatus	—	1	2	
		6 Ranunculus acer	—	4	6	

Datum	Uhr-zeit	Pflanze	Par.	Alk.	Xyl.	Al+X
30. 9. 1962	8.00	7 Genista tinctoria	—	3	6	
		8 Succisa pratensis	3	6	6	
		9 Centaurea jacea	—	4	6	
		10 Sesleria uliginosa	—	—	3	
		11 Carex acutiformis	—	1	6	
		12 Gentiana austriaca	2	4	5	
		Obere Blätter	—	4	3	
		13 Trifolium montanum	—	2	3	
		14 Gentiana pneumonanthe	—	4	4	
		15 Leontodon hispidus	—	3	6	
		16 Serratula tinctoria	—	5	6	
		17 Inula salicina	—	4	5	
		18 Scorzonera humilis	—	4	6	
		19 Cirsium canum	—	3	3	
		20 Ononis spinosa	—	5	6	
		21 Potentilla erecta	—	3	3	
		22 Parnassia palustris	—	5	6	
		23 Phragmites communis				
		Unterseite	—	—	6	
		Oberseite	—	—	6	
		24 Mentha aquatica	—	5	6	
		25 Valeriana dioica	—	6	6	
		26 Caltha palustris	—	6	6	
		27 Carex elata	—	—	4	
		28 Lythrum salicaria	5	6	6	
		29 Taraxacum palustre	—	5	6	
		30 Menyanthes trifoliata	—	6	6	
		31 Lycopus europaeus	2	4	6	
	12.00	1 Trifolium pratense	1	6	6	
		2 Cirsium rivulare	—	4	6	
		3 Sanguisorba officinalis	2	3	3	
		4 Succisa pratensis	3	6	6	
		(Grundblätter)				
		5 Galium boreale	1	4	5	
		6 Tetragonolobus siliquosus	2	6	6	
		7 Centaurea jacea	—	6	6	
		8 Leontodon hispidus	2	5	6	
		9 Potentilla erecta	3	4	4	
		10 Trifolium montanum	2	4	6	
		11 Genista tinctoria	—	6	6	
		12 Euphrasia stricta	—	4	6	
		13 Inula salicina	3	6	6	
		14 Scorzonera humilis	—	4	6	
		15 Cirsium canum	—	3	6	
		16 Iris sibirica	—	3	3	
		17 Lotus corniculatus	3	4	6	
		18 Peucedanum cervaria	—	2	3	
		19 Ononis spinosa	—	5	6	

Datum	Uhr-zeit	Pflanze	Par.	Alk.	Xyl.	Al+X
30. 9. 1962	12.00	20 Ranunculus acer	2	5	6	
		21 Achillea asplenifolia	—	4	6	
		22 Valeriana dioica	—	3	6	
		23 Mentha aquatica	—	5	6	
		24 Sesleria uliginosa				
		Oberseite	—	—	4	
		25 Phragmites communis				
		Unterseite	—	—	6	
		Oberseite	—	—	6	
		26 Parnassis palustris	—	6	6	
		27 Carex elata	—	—	6	
		28 Lycopus europaeus	—	6	6	
		29 Taraxacum palustre	—	5	6	
		30 Lythrum salicaria	2	5	6	
		31 Molinia coerulea				
		Unterseite	—	—	6	
		Oberseite	—	—	6	
		32 Caltha palustris	—	5	6	
		33 Potentilla anserina	3	4	5	
		34 Menyanthes trifoliata	2	6	6	
		35 Gentiana austriaca	—	4	6	
		36 Gentiana pneumonanthe	—	5	6	
		37 Carex acutiformis	—	1	6	
		38 Deschampsia caespitosa				
		Oberseite	—	3	5	

V. Das Verhalten der einzelnen Arten

Der besseren Übersicht wegen werden die Pflanzen in drei Gruppen eingeteilt: 1. Arten mit starker nächtlicher Schließtendenz. 2. Arten mit schwacher nächtlicher Schließtendenz. 3. Arten mit wechselnder Schließtendenz.

Als starke nächtliche Schließtendenz wird ein Verhalten betrachtet, wo die tiefsten Nachtwerte kleiner sind als die halbierten höchsten Tageswerte. Waren keine oder zuwenig Werte vom Vortag vorhanden, wurden auch vergleichbare Werte von anderen Tagen herangezogen. Die Werte sind durch einfache Addition der bei jeder Infiltrationsflüssigkeit angegebenen Infiltrationsstufen gewonnen. Die durch kombinierte Anwendung von Alkohol und Xylol erhaltenen Infiltrationsstufen sind dabei aus den oben (S. 3) angegebenen Gründen nicht berücksichtigt.

Die Gruppen lassen sich natürlich nicht scharf voneinander abgrenzen. Die Zugehörigkeit zu einer Gruppe ist umso eher gesichert, je verschiedener Wetterlage und Jahreszeit bei der Beobachtung waren. Bei einem größeren Untersuchungsmaterial müßten wahrscheinlich mehr Arten in die dritte Gruppe gestellt werden.

Als vierte und letzte Gruppe werden wegen des besonderen Interesses, das sie beanspruchen, die dem Alpengebiet und der Ebene gemeinsamen Arten gesondert besprochen.

1. Starke nächtliche Schließtendenz

a) Arten des Alpengebietes

Acer pseudoplatanus

Datum	Uhrzeit	Bewölkung in Zehntel	Relative Feuchtigkeit	Par.	Alk.	Xyl.	Al+X
13. 5. 1961	13.00	9	86 / 78	—	—	—	4
	17.00	6	78 / 76	—	—	—	—
14. 5. 1961	0.55	4	98 / 72	—	—	—	—
	9.00	10 Regen	88	—	—	3	
3. 6. 1961	11.30	10	86	—	2	2	3
4. 6. 1961	3.45	10	71	—	—	—	
8. 7. 1961	9.30	7	73	—	2	3	
	13.30	9	76 / 62	—	2	3	
9. 7. 1961	3.40	7	75	—	—	—	3
	7.00	10	63	—	2	3	
	17.30	3	81 / 61	—	2	3	
2. 9. 1961	13.00	0	47 / 37	—	2	2	
	21.00	sternhell	39 / 33	—	2	2	
	1.00	mondhell	52 / 38	—	—	1	
1. 9. 1962	17.00	0	53 / 49	—	3	3	
	19.00	Dämmerung	92 / 75	—	—	—	—
	1.00	sternhell	82 / 78	—	—	—	3
7. 10. 1961	12.00	10		—	2	4	

Acer pseudoplatanus zeigt also insgesamt eine sehr starke nächtliche Schließtendenz.

Atropa belladonna: Vom Mai liegt kein Nachtwert vor. Am Vormittag des 14. waren die Blätter mehr als doppelt so gut infiltrierbar als am Nachmittag des kühleren Vortages. Am Tag ist *Atropa* in den folgenden Monaten meist sehr gut infiltrierbar, relativ am schlechtesten am 2. 9. während großer Trockenheit. Nachts sind die Spalten immer sehr stark verengt, am wenigsten am 1. 9. 1962, wo nach 1 Uhr noch eine schwache Alkohol-, aber keine Xylolinfiltration möglich war.

Calamintha clinopodium wurde nur zweimal (im September bei trockenem Wetter) auch in der Nacht untersucht und zeigte dabei eine relativ starke Schließtendenz.

Carlina acaulis: Von Mai und Juni liegen keine Daten vor. Im Juli sind die Tageswerte hoch, während am frühen Morgen die Spalten geschlossen waren. Der trocken-warme 2. 9. 1961 zeigte mittags die Spalten stark verengt, nach 21 Uhr weit geöffnet und nach 1 Uhr wieder sehr stark verengt. Am ebenfalls trockenen, aber nach Temperatur und Luftfeuchtigkeit gemäßigteren 1. 9. 1961 verengte *Carlina* schon während der Abenddämmerung die Spalten stark und ließ um 1 Uhr keine Infiltration mehr zu. Der höchste Tageswert wurde am 7. 10. 1961 zu Mittag bei völlig bedecktem Himmel erzielt.

Cruciata chersonensis: Der niedere Wert vom 4. 6. 1961 nach 3.45 Uhr sowie die schwache Infiltration am späten Nachmittag des 8. 7. und des 1. 9. sprechen für eine allgemeine starke nächtliche Schließtendenz.

Fagus silvatica: Am 13. 5. wurde am Nachmittag bei dem sehr kühlen und feuchten Wetter keine Infiltration erzielt, ebenso in der Nacht, während am wärmeren Vormittag des folgenden Tages eine für *Fagus* relativ gute Infiltration möglich war. Der höchste Wert wurde am 2. 9. bei großer Trockenheit und Wärme um 14 Uhr erreicht. Am frühen Morgen des 4. 6. und in der Nacht am 2. 9. wurde entweder keine oder nur bei kombinierter Anwendung von Alkohol und Xylol eine schwache Infiltration erreicht.

Kerl (S. 424) fand im Juni ein ausgesprochenes Nachmittagsmaximum. Die höchsten Maxima traten an Regentagen ein, nächtlicher Spaltenschluß trat immer ein.

Galium silvaticum: Es liegen nur Beobachtungen vom 13. und 14. 5. und vom 3. und 4. 6. vor. Im Mai fällt der Nachtwert zwar stark ab, Alkohol und Xylol dringen aber immerhin noch etwas ein. Dagegen konnte im Juni (wie im Mai ebenfalls bei feuchtem Wetter) am frühen Morgen keine Infiltration erzielt werden, während die Tageswerte noch höher als im Mai liegen.

Hieracium murorum: Vom Mai und vom Juli liegen keine Nachtwerte vor, im Juni war am frühen Morgen bei feuchtem und im September nachts bei trockenem Wetter keine Infiltration zu erzielen. Am 2. 9. 1961 waren um 15 Uhr bei hohen Temperaturen und geringer Luftfeuchtigkeit die Spalten ebenfalls geschlossen, während bei feuchtem Wetter die Tageswerte hoch liegen.

Hypericum maculatum: Nachtwerte liegen nur vom September dreier verschiedener Jahre vor, die alle bei trockenem Wetter gewonnen wurden. Es zeigt sich schon in der Abenddämmerung eine starke Verengung, die nur mehr einen schwachen Xyloleintritt gestattet, während in der Nacht keine Infiltration möglich war. Der relativ niedrige Morgenwert nach 8 Uhr am 4. 6. läßt vermuten, daß auch bei feuchtem Wetter die Spalten nachts stark verengt werden.

Senecio fuchsii scheint am Tage bei verschiedenen Wetterlagen und Tageszeiten die Spalten ziemlich gleichmäßig geöffnet zu haben. In der Nacht waren sie bei feuchtem Wetter im Mai und am frühen Morgen im Juli wohl stark verengt, aber doch noch schwach infiltrierbar, im September bei trockenem Wetter dagegen wenigstens zeitweise bei Dunkelheit geschlossen. Am 2. 9. 1961 bei hohen Temperaturen und geringer Luftfeuchtigkeit waren die Spalten nach 21 Uhr noch schwach infiltrierbar und nach 1 Uhr geschlossen, am 1. 9. 1962 bei niedrigeren Temperaturen und höherer Luftfeuchtigkeit dagegen schon um 19 Uhr geschlossen und nach 1 Uhr wieder schwach infiltrierbar.

Valeriana tripteris: Wie bei der vorigen Art sind auch hier die Tageswerte bei verschiedenen Wetterlagen und verschiedenen Tageszeiten recht ähnlich. Nur am 13. 5. liegt, bei extrem kühlem Wetter, der Wert um 14.25 Uhr auffallend tief. Werte von der Nacht bzw. vom frühen Morgen stammen vom 14. 5. und vom 4. 6., wurden also beide Male bei feuchtem Wetter gewonnen, wobei allein Xylol und nur schwach infiltrierte.

In der Nacht oder am frühen Morgen nur einmal wurden am Schneeberg beobachtet:

Carex silvatica, Chrysanthemum corymbosum, Heracleum sphondylium, Lamium luteum, Rumex obtusifolius, Solidago virgaurea.

Im übrigen Alpengebiet: *Potentilla aurea, Rumex arifolius*.

b) Arten der Sumpfwiesen

Calystegia sepium

Datum	Uhrzeit	Bewölkung in Zehntel	Relative Feuchtigkeit	Infiltration			
				Par.	Alk.	Xyl.	Al+X
9. 6. 1962	23.00	mondhell	78 87	—	—	1	
10. 6. 1962	6.10	1		—	3	4	
	11.00	3		2	3	5	
10. 8. 1962	18.00	3	86 51	—	—	—	—
11. 8. 1962	8.00	1	88 56	—	—	4	
	10.00	3	66 44	—	3	4	
	12.00	3	68 38	—	3	5	
	14.00	3	68 34	—	3	6	
	16.00	4	79 31	—	3	6	
	18.00	2	89 55	—	—	—	—

Mentha aquatica hatte am kühl-feuchten 12. 5. die Spalten noch nicht sehr weit und am 9. 6. um 14 Uhr bei starker Bewölkung nur ganz schwach geöffnet. Dagegen wurde am darauffolgenden 10. 6. schon nach 8.45 Uhr bei strahlender Sonne ein sehr hoher Wert erreicht. Die vollständigste Beobachtungsserie liegt vom 10. und 11. 8. vor. Bei geringer Bewölkung verläuft die Infiltrationskurve sehr regelmäßig, mit einem Minimum nach 0.30 Uhr (nur schwache Xylolinfiltration) und einem Maximum um 14 Uhr. Am 29. 9. ist der Verlauf ähnlich. Das Minimum wurde nach 2 Uhr erreicht, wo nur mehr Alkohol und Xylol kombiniert schwach infiltrierten. Die Höchstwerte, die etwas tiefer liegen als im August, wurden ebenfalls um die Mittagszeit erreicht.

KERL (S. 430) fand an *Mentha silvestris* bei schönem Wetter im Juli in der Nacht einen völligen Spaltenschluß.

Scorzonera humilis hatte im Juli und im August nachts die Spalten z. T. sehr stark verengt, am stärksten am 10. 8. um 22 Uhr, wo keine Infiltration möglich war. Nach 0.30 Uhr drangen dann Alkohol und Xylol wieder ein. Im August war auch nach 12 Uhr eine leichte Depression festzustellen und ein leichter Abfall am späten Nachmittag. Ende September liegt der Nachtwert nach 20 Uhr etwas höher als der nach 21 Uhr im Juni beobachtete. Die Tageswerte sind etwas höher als im Juni und entsprechen den Höchstwerten im August. Die einzige Infiltration bei Schlechtwetter am 12. Mai ergab einen niedrigen Wert.

Trifolium montanum zeigte während dreier Beobachtungs-serien im Juni, August und September immer eine starke nächtliche Schließtendenz, wobei aber kein vollständiger Spaltenschluß beob-achtet werden konnte. Die meisten Beobachtungen liegen vom 10. und 11. 8. vor. Hier fällt eine leichte Mittagsdepression auf, ferner ein vollständiger Spaltenschluß um 18 Uhr, noch bei Tages-licht. Da am Beginn der Serie am 10. 8. nach 22 Uhr die Spalten nicht völlig geschlossen waren und nach 0.30 Uhr noch eine ganz leichte Zunahme der Infiltration festzustellen war, ist eine schwache nächtliche Öffnungsbewegung möglich.

Nachts nur einmal beobachtet wurden:

Achillea asplenifolia, Lysimachia vulgaris, Molinia coerulea, Orchis palustris, Samolus valerandi, Trifolium pratense, Valeriana dioica.

2. Schwache nächtliche Schließtendenz

a) Arten des Alpengebietes

Astragalus glycyphyllos zeigte am 1. und 2. 9. 1962 bei drei Untersuchungen nach 17, nach 19 und nach 1 Uhr eine ständige Zunahme der Spaltenweite von fast Null auf den überhaupt beob-achteten Höchstwert. Am 2. 9. 1961 war die Pflanze nach 21 Uhr mit Alkohol sehr schwach, mit Xylol etwas besser infiltrierbar. Sonst wurde *Astragalus* nur noch einmal, am 8. 7. 1961 nach 9.30 Uhr beobachtet, wobei die Spalten für Alkohol schwach, für Xylol etwas besser durchlässig waren.

Digitalis grandiflora wurde in der Nacht im Mai und im Juli bei feuchtem und im September bei trockenem Wetter infiltriert. Die Nachtwerte liegen sehr konstant etwas unter den Tageswerten. Sowohl die Tages- wie die Nachtwerte weichen untereinander nur geringfügig voneinander ab. Von der Trockenperiode im September liegt allerdings nur eine Nacht- und keine Tagesbeobachtung vor.

Euphrasia salisburgensis: Es liegen nur Beobachtungen bei trockenem Wetter im September vor. Die Nachtwerte liegen einmal höher, einmal tiefer als die Tageswerte, immer aber relativ hoch.

Gentiana asclepiadea: Die höchsten Werte werden am Tage bei feuchtem Wetter erreicht (3. 6. 1961). An dem sehr trocken-warmen 2. 9. 1961 liegen die Nachmittagswerte merklich niedriger als bei den übrigen Messungen, wogegen der Nachtwert (nach 21 Uhr) kaum mehr abfällt. Am 1. 9. 1962 bei tieferen Temperaturen und höherer Luftfeuchtigkeit liegen die Werte am Tage höher, während der Nacht aber sinken sie von allen Beobachtungen am stärksten ab. Bei feuchtem Wetter am 9. 7. war die Infiltration am frühen Morgen nur wenig niedriger als am Vormittag und am Mittag des Vortages.

Geranium robertianum: Es liegen nur Beobachtungen bei feuchtem Wetter im Mai und im Juni vor. Bemerkenswert ist die starke Zunahme der Infiltration während der Nacht vom 13. zum 14. 5. Im Juni sank der Wert am frühen Morgen gegenüber dem Mittag des Vortages merklich ab, lag aber noch immer relativ hoch.

Lonicera alpigena: Die im Mai und Juni bei feuchtem Wetter beobachteten Infiltrationswerte sind gleich oder fast gleich hoch wie der einzige Septemberwert am 2. 9. 1962. In der Nacht vom 14. 5. lag der Wert ebenfalls gleich wie am Tag und am 4. 6. am frühen Morgen nur geringfügig unter dem vorausgegangenen Tageswert.

Lonicera xylosteum: Bemerkenswerterweise wurde der höchste beobachtete Tageswert bei extrem naßkaltem Wetter, am 13. 5. nach 14 Uhr erzielt. Die beiden tiefsten Tageswerte wurden am 2. 9. bei trocken-warmem Wetter um 15 Uhr und am 7. 10. bei bedecktem Himmel und hoher Feuchtigkeit beobachtet. In der Nacht vom 14. 5. lag der Wert zwar merklich tiefer als der vorangegangene Höchstwert, aber etwas höher als der am späten Nachmittag erzielte. Am frühen Morgen des 4. 6. war die Xylolinfiltration gleich wie um 15 Uhr des Vortages, während Alkohol nicht mehr eindrang.

Origanum vulgare zeigte am 14. 5. nach 0.55 Uhr einen deutlichen Abfall des Wertes auf etwa die Hälfte des Vortagswertes. Auch am Vormittag hielt die Verengung an. Am 3. 6. war nach 5 Uhr die Infiltration wieder um die Hälfte schwächer als am Vortag. Im Juli ist der Abfall am frühen Morgen dagegen geringer. Am 2. 9. sank der Infiltrationswert wieder unter die Hälfte des am frühen Nachmittag erzielten, stieg nach 1 Uhr aber wieder merklich an. Am 1. 9. 1962 schien sich die Infiltrierbarkeit ebenfalls während der Nacht zu steigern, nach einem auffallend niedrigen Wert am späten Nachmittag.

Plantago media: Alle bei den verschiedenen Wetterlagen vom Juni bis zum Herbst beobachteten Werte liegen nahe beisammen. Ein nächtliches Absinken war nicht oder nur schwach ausgeprägt, am stärksten am 1. 9. 1962.

Primula elatior wurde im Mai und im Juni bei feuchtem Wetter beobachtet. Am 14. 5. lag der Wert nach 1 Uhr etwas höher, am 4. 6. nach 5 Uhr ganz wenig tiefer als der vorausgegangene Tageswert.

Ranunculus lanuginosus hatte meist hohe Tageswerte, auch um die Mittagszeit des 2. 9. 1961 bei sehr trockenem Wetter. Der Morgenwert vom 4. 6. 1961, nach 5 Uhr gemessen, liegt halb so hoch wie der sehr hohe vorausgegangene Mittagswert. Am 9. 7. 1961 war die Pflanze nach 3.40 Uhr besser als später nach 7 Uhr infiltrierbar.

Ranunculus nemorosus: hatte bei trocken-warmem Wetter am 2. 9. 1962 die Blätter nach 21 Uhr noch gut, wenn auch gegenüber dem frühen Nachmittag schwächer infiltrierbar. Vom 2. 9. liegt ein so hoher Nachtwert nach 1 Uhr vor, daß man, obwohl Vergleichswerte fehlen, auf eine nur geringe Spaltenverengung schließen kann. Bei feuchtem Wetter beobachtete Nachtwerte liegen nicht vor.

Vaccinium vitis idaea ließ sich am Eisenhut bei zwei Untersuchungen in der Morgendämmerung bzw. in der Nacht unterschiedlich gut infiltrieren. Jedenfalls liegt auch der niedrigere Wert nicht sehr viel tiefer als der vorausgegangene Tageswert, sodaß übereinstimmend mit einer früheren Untersuchung (HÜBL 1960, S. 155) die Preiselbeere wenigstens bei nicht zu trockenem Wetter, eine schwache nächtliche Schließtendenz haben dürfte.

In der Nacht oder am frühen Morgen nur einmal beobachtet wurden am Schneeberg:

Arabis turrita, Bromus ramosus, Campanula trachelium, Chamaenerion angustifolium, Gentiana ciliata, Hordelymus europaeus, Knautia silvatica, Luzula albida, Luzula silvatica, Petasites albus, Symphytum tuberosum, Trollius europaeus.

Im übrigen Alpengebiet:

Arabis alpina, Campanula barbata, Geum montanum, Luzula spadicea, Senecio doronicum, Soldanella pusilla.

b) Pflanzen der Sumpfwiesen

Lythrum salicaria war am 9. 6. nach 21 Uhr nur bei kombinierter Anwendung von Alkohol und Xylol, nach 23 Uhr und nach 1 Uhr jedoch sehr gut infiltrierbar, ebenso am 10. 8., von dem die meisten Beobachtungen vorliegen. Die Infiltration war um 19 Uhr relativ schwach, nach 20 Uhr, zu Beginn der Dunkelheit, wieder etwas stärker, um während der Nacht fast gleich zu bleiben, stieg nach 6 Uhr auf einen deutlich höheren Wert als während der Nacht und blieb bis 16 Uhr praktisch gleich und sank nach 18 Uhr wieder deutlich ab. Am 29. 9. lag der Wert am späten Nachmittag am tiefsten, in der späten Dämmerung höher. Von der Nacht liegen keine Beobachtungen vor. Der überhaupt höchste Wert wurde nach 8 Uhr des folgenden Tages erreicht, wo auch Paraffinöl sehr gut eindrang. Nach 12 Uhr war der Wert wieder geringer, aber noch immer sehr hoch. Es hat also den Anschein, als ob bei schönem Wetter sich die Spalten schon vor Einbruch der Dunkelheit am stärksten verengen und nachher wieder erweitern würden.

Ononis spinosa hatte am 9. 6. um 11 Uhr die Spalten weit offen, nach 21 Uhr fast ganz geschlossen und nach 23 Uhr und nach 1 Uhr wieder relativ weit offen, aber nicht so weit wie am Tage. Um 11 Uhr des nächsten Tages wurde wieder ein Maximum erreicht. Nachmittagswerte liegen nicht vor. Am 10. 8. waren die Spalten von 6 Uhr bis 16 Uhr weit offen, wobei nach 10 Uhr ein wenig deutliches Maximum erreicht wurde. Nachtwerte liegen nicht vor. Am 29. und 30. 9. wurden die Maxima um die Mittagszeit beobachtet, während die Nachtwerte wieder deutlich, aber nicht stark gegenüber den Tageswerten reduziert sind. Das Minimum wurde in der späten Dämmerung nach 18 Uhr beobachtet.

Nachts nur einmal beobachtet wurden:

Euphrasia stricta, Galium boreale, Genista tinctoria, Gentiana pneumonanthe, Parnassia palustris, Pedicularis palustris, Rhinanthus minor, Sesleria uliginosa, Silene cucubalus, Vicia cracca.

3. Wechselnde nächtliche Schließtendenz

a) Arten des Alpengebietes

Adenostyles alliariae war am 14. 5. nachts und am frühen Morgen des 4. 6. nur bei kombinierter Anwendung von Alkohol und Xylol infiltrierbar. Dagegen ließ sich die Pflanze am frühen Morgen des 9. 7. infiltrieren, ebenso nach 0.30 Uhr auf der Rax am 2. 7. und am frühen Morgen des 12. 7. am Eisenhut. Es wäre also möglich, daß mit dem Fortschreiten der Jahreszeit die Neigung zum nächtlichen Offenlassen der Spalten zunimmt.

Alchemilla vulgaris hatte am 12. 9. 1958 gegen 21 Uhr die Spalten sehr stark verengt und am 1. 9. 1961 nach 1 Uhr, soweit dies mit der Infiltration festzustellen ist, vollständig geschlossen. Dagegen war *Alchemilla* in zwei aufeinanderfolgenden Nächten, am 2. und am 3. 7. 1961, bei ebenfalls sehr trockenem Wetter gut infiltrierbar, ebenso zweimal bei der Gillendorfer Alm auf dem Eisenhut am 11. 7. und am 13. 7. 1962. Die Nachtwerte lagen aber immer sehr deutlich unter den Tageshöchstwerten.

Astrantia major verhielt sich bezüglich der Nacht- und z. T. sogar bezüglich der Tageswerte recht uneinheitlich. Am 3. 6. war nach einem sehr niedrigen Wert um 14 Uhr nach 5 Uhr des folgenden Tages überhaupt keine Infiltration möglich. Am 8. 7. sank der Wert nach einem Maximum am Vormittag mittags stark ab, während am folgenden Tag die Werte nach 3.40 Uhr, nach 7 Uhr und am späten Nachmittag fast gleich und dabei niedrig waren. Am 2. 9. 1961 sind die Werte um Mittag und nach 21 Uhr gleich, während nach 1 Uhr anscheinend eine stärkere Verengung eingetreten war. Am 1. 9. 1962 lag der Wert nach Einbruch der Abenddämmerung etwas höher als am späten Nachmittag und sank nach 1 Uhr wieder etwas ab. Bei trübem und feuchtem Wetter am 14. 5. und im Herbst am 7. 10. 1961 erbrachten die beiden Beobachtungen hohe Tageswerte.

Cirsium arvense wurde zweimal im September beobachtet. Während am extrem trocken-warmen 2. 9. 1961 in der Nacht nach 1 Uhr keine Infiltration mehr möglich war, blieben die Spalten am 2. 9. 1962 bei wesentlich kühlerem Wetter und höherer Luftfeuchtigkeit die Nacht über verhältnismäßig weit offen.

Im Gegensatz dazu scheinen die Beobachtungen von Kerl zu stehen. Seine Versuchspflanzen (S. 422) erreichten bei z u n e h m e n - d e r T r o c k e n h e i t im Juli die tiefen Minima der Vortage nicht mehr.

Cirsium erisithales hatte am 14. 5. die Spalten in der Nacht weiter offen als am Tag. Am 4. 6. war das Verhalten am frühen Morgen uneinheitlich, manche Exemplare zeigten nur eine geringe Infiltration, andere hatten die Spalten extrem weit offen. Am 3. 9.

konnte nach 1 Uhr keine Infiltration erzielt werden. Es scheint, daß
die Pflanze die Spalten bei Feuchtigkeit nachts offen, bei Trockenheit nachts geschlossen hat.

Daphne mezereum

Datum	Uhrzeit	Bewölkung in Zehntel	Relative Feuchtigkeit	Infiltration		
				Par.	Alk.	Xyl.
13. 5. 1961	13.00	9	86 78	—	2	4
	17.00	6	78 76	—	4	6
14. 5. 1961	0.55	4	98 72	—	2	4
	9.00	10 leichter Regen	88 86	1	3	5
3. 6. 1961	16.45	4		—	5	6
4. 6. 1961	3.45	10		—	3	6
8. 7. 1961	9.30	7	71 73	—	4	6
	11.30	7	86 72	—	2	4
9. 7. 1961	3.40	7	75	—	—	4
	7.00	10 Regen	63	—	—	5
	17.30	3	81 61	—	3	5
2. 9. 1961	13.00	0	46 37	—	2	6
	21.00	sternhell	39 33	—	2	3
3. 9. 1961	1.00	mondhell	52 38	—	—	2
1. 9. 1962	17.00	0	53 49	—	—	3
	19.00	Dämmerung	92 75	—	5	4
2. 9. 1962	1.00	sternhell	82 78	—	3	4
7. 10. 1961	12.00	10		—	5	6
3. 7. 1961*)	1.00	sternhell		—	3	2

*) Beobachtet auf der Rax neben dem Habsburghaus.

Euphorbia amygdaloides war am frühen Morgen des 9. 7. gegenüber dem Vortag nur wenig schwächer infiltrierbar. Die Spalten scheinen also zu allen Tageszeiten weit geöffnet gewesen zu sein. Die beiden Septemberuntersuchungen brachten dagegen ein ganz anderes Resultat. Am 2. 9. 1961 war *Euphorbia* um 16 Uhr nur sehr gering infiltrierbar, nach 21 Uhr überhaupt nicht mehr. Dagegen war nach 1 Uhr wieder eine geringe Xylolinfiltration möglich. Am 1. 9. 1962 ist das Ergebnis ähnlich, nur daß um 17 Uhr die Spalten relativ weit offen waren, sich nach 19 Uhr in der Dämmerung schlossen, um sich dann nach 1 Uhr wieder etwas zu öffnen.

Galium odoratum (=*Asperula odorata*): Am 13. 5. waren nach 13 Uhr die Pflanzen bei dem extrem kühl-feuchten Wetter nicht infiltrierbar. Am späten Nachmittag hatten sich die Spalten geöffnet und blieben auch in der Nacht offen. Vom Juni und Juli stehen keine Nachtwerte zur Verfügung. Am 1. 9. 1962 waren die Spalten in der Dämmerung und nach 1 Uhr geschlossen.

Bei *Homogyne alpina* verhielten sich die einzelnen Individuen während der Beobachtungen in der Nacht bzw. in der Morgen- dämmerung auffallend verschieden. Meist waren die Blätter mehr oder weniger gut (im Extremfall nur wenig schlechter als am Tage) infiltrierbar. Frühere Untersuchungen (HÜBL 1960, S. 154) hatten auf eine ziemlich starke nächtliche Spaltenverengung hingedeutet.

Origanum vulgare zeigte am 14. 5. nach 0.55 Uhr einen deut- lichen Abfall des Wertes auf etwa die Hälfte des Vortagswertes. Am Vormittag hielt die Verengung an. Am 3. 6. war die Infiltration nach 5 Uhr wieder um die Hälfte schwächer als am Vortag. Im Juli ist der Abfall am frühen Morgen dagegen geringer. Am 2. 9. sank der Infiltrationswert wieder unter die Hälfte des am frühen Nach- mittag erzielten, stieg nach 1 Uhr aber merklich an. Am 1. 9. 1962 scheint sich die Infiltrierbarkeit ebenfalls während der Nacht zu steigern, nach einem auffallend niedrigen Wert am späten Nach- mittag.

Polygonatum verticillatum: Am 14. 5. waren die Blätter nach 0 Uhr etwas besser infiltrierbar als bei der letzten Beobachtung bei Tageslicht am späten Nachmittag. Die Vormittagsinfiltration des- selben Tages brachte den überhaupt beobachteten Höchstwert. Im Juni, bei ebenfalls feuchtem Wetter, sank der Wert am frühen Morgen sehr beträchtlich unter den am Vortag beobachteten. Am 2. 9. 1962 war der Infiltrationsgrad nach 1 Uhr wieder höher als der um 15 Uhr beobachtete Tageswert.

Rosa canina

Datum	Uhrzeit	Bewölkung in Zehntel	Relative Feuchtigkeit	Infiltration			
				Par.	Alk.	Xyl.	Al+X
13. 5. 1961	13.00	9	86 78	2	4	3	
	17.00	6	78 76	2	3	3	
14. 5. 1961	0.55	4	98 72	—	3	4	
	9.00	10 Regen	88 86	—	3	4	
9. 7. 1961	3.40	7	75	—	2	1	
	7.00	10 Regen	63	—	3	3	
	17.30	3	81 61	—	3	3	
2. 9. 1961	14.00	0	56 41	—	—	4	
	15.00	1	52 37	—	2	3	
3. 9. 1961	1.00	mondhell	52 38	1	3	2	
1. 9. 1962	17.00	0	53 49	—	3	2	
	19.00	Dämmerung	92 75	—	—	—	—
2. 9. 1962	1.00	sternhell	82 78	—	—	—	—
7. 10. 1961	12.00	10		—	3	3	

Bemerkenswert ist vor allem das unterschiedliche Verhalten während der Nacht bei den beiden Septemberbeobachtungen.

KERL (S. 424) fand bei *Rosa canina* zwischen Regentagen einen 8stündigen völligen Spaltenschluß, während vorher die Minima nur zwei Stunden dauerten bzw. die Spalten nachts überhaupt offen blieben. Dementsprechend zeigte *Rosa centifolia* (S. 422) im Juli mit zunehmender Trockenheit eine Verkürzung der nächtlichen Minima.

Rumex alpinus war bei drei Nachtuntersuchungen am Eisenhut verschieden gut für Xylol infiltrierbar. Bei einer Untersuchung zu Mittag unter bedecktem Himmel drangen Alkohol und Xylol maximal ein.

Sambucus racemosa wurde am 14. 5. 1961 und am 2. 9. 1962 in der Nacht untersucht. Im Mai lag der Nachtwert ganz wenig höher als der vorher gemessene Tageswert und erreichte das überhaupt beobachtete Maximum. Vom September liegen leider keine Vergleichswerte am Tage vor. Die geringe Infiltration läßt aber eine starke nächtliche Schließbewegung vermuten.

KERL (S. 421) fand bei *Sambucus nigra*, daß die Öffnungsminima mit zunehmender Feuchtigkeit geringer werden.

Sorbus aucuparia: Bemerkenswert ist die gute Infiltrierbarkeit (die beste überhaupt beobachtete) am 13. 5. Der darauffolgende Nachtwert ist nur schwach gedrückt. Der Vormittagswert vom 14. 5. liegt noch etwas tiefer. Am frühen Morgen des 4. 6. war trotz des feuchten Wetters der Infiltrationsgrad sehr niedrig. Von später liegen keine Nachtwerte mehr vor. Erwähnt soll noch der relativ niedrige Wert am 2. 9. um 15 Uhr werden, der anscheinend mit der Trockenheit zusammenhängt.

Taraxacum officinale: Vom Mai liegen keine Beobachtungen vor. Am 4. 6. am frühen Morgen war der Infiltrationsgrad sehr hoch, etwas höher als zu Mittag des Vortages, am 9. 7. etwa um die selbe Zeit dagegen mehr als die Hälfte niedriger als zu Mittag des Vortages. Die beiden Septemberbeobachtungen brachten sehr ähnliche Ergebnisse. Am 2. 9. 1961 war nach 21 Uhr nur eine ganz schwache Xylolinfiltration, am 1. 9. 1962 nach 19 Uhr überhaupt keine Infiltration mehr möglich. Interessant ist, daß am 1. 9. nach 1 Uhr wieder eine schwache Xylolinfiltration festzustellen war. Der niedrigste beobachtete Tageswert wurde ebenfalls am 1. 9. nach 17 Uhr ermittelt.

Vaccinium myrtillus wurde am Schneeberg nur am 3. und 4. 6. untersucht und zeigte dort am frühen Morgen eine wohl deutliche, aber über der Hälfte des Vortagswertes gelegene Abnahme des Infiltrationsgrades. Die Beobachtungen bei der Gillendorfer Alm auf dem Eisenhut zeigten dagegen eine starke nächtliche Verengung unter die Hälfte der Tageswerte. Im Amertal hatte ich früher (HÜBL 1960, S. 155) bei sehr feuchtem Wetter eine relativ schwache nächtliche Spaltenverengung festgestellt.

Veronica chamaedrys wurde zum erstenmal am 3. und 4. 6. beobachtet. Die Ergebnisse sind auffallend unregelmäßig. So liegen die tiefsten Werte am 3. zu Mittag und am 4. um 6 Uhr morgens. die Höchstwerte dagegen nach 3.45 Uhr und nach 13 Uhr am 4. 6,

Im Juli ist dagegen der Verlauf sehr regelmäßig. Der Tiefstwert wurde am frühen Morgen beobachtet und macht nur ein Sechstel des vorausgegangenen Höchstwertes aus. Die beiden September-untersuchungen brachten niedrige Tageswerte und einen vollständigen nächtlichen Spaltenschluß, während im Oktober bei feuchtem Wetter zu Mittag wieder ein sehr hoher Wert erreicht wurde.

b) Pflanzen der Sumpfwiesen

Carex acutiformis: Vom 12. 5. liegt eine Beobachtung um 11 Uhr vor, wo bei leichtem Regen eine deutliche Xylolinfiltration erzielt wurde. Am 11. 8. war nach 0 Uhr die Xylolinfiltration ebenfalls deutlich. Bereits nach 6 Uhr wurde die beste Infiltration erzielt. Nach 12 Uhr sank der Wert wieder auf die nächtliche Höhe herab, auf der er bis nach 14 Uhr blieb. Später wurde nicht beobachtet. Am 29. 9. war nach 14 Uhr die überhaupt beste durchschnittliche Infiltration erreicht worden, wobei sich verschiedene Blätter jedoch auffallend verschieden verhielten. In der späten Dämmerung nach 18 Uhr war der Wert wieder stark abgesunken und blieb die ganze Nacht tief. Nach 8 Uhr war wieder maximale Xylol- und sehr schwache Alkoholinfiltration möglich, ebenso nach 12 Uhr. Die Nachtwerte blieben also sowohl im Sommer wie im Herbst fast gleich, während im Herbst keine Mittagsdepression festzustellen war und ein höheres Tagesmaximum auftrat, das das Verhältnis zwischen Tages- und Nachtöffnung verschiebt.

Anscheinend nimmt die nächtliche Schließtendenz gegen den Herbst zu ab. Bemerkenswert ist am 10. 8. der Spaltenschluß in der Abenddämmerung und die spätere nächtliche Öffnung.

Centaurea jacea ließ sich am 9. 6. nach 21 Uhr nicht oder nur schwach mit Xylol infiltrieren; nach 1 Uhr wird ein relativ hoher Wert erreicht, der um 9 Uhr vormittags weiter angestiegen war. Am 10. 8. ließ sich nach 19 Uhr keine Infiltration erzielen. Diesmal fehlen Nachtuntersuchungen. Der folgende Tag brachte durchwegs ziemlich hohe Werte, das Maximum wurde jedoch erst nach 18 Uhr erreicht. Am 29. 9. war der Wert in der späten Dämmerung gegenüber dem frühen Nachmittag deutlich abgesunken, aber noch immer recht hoch, und blieb auch nach 20 Uhr praktisch unverändert, war aber nach 2 Uhr stark abgesunken. Nach 8 Uhr

Carex elata

Datum	Uhrzeit	Bewölkung in Zehntel	Relative Feuchtig-keit	Infiltration			
				Par.	Alk.	Xyl.	Al+X
9. 6. 1962	21.00	mondhell	94 89	—	—	—	—
	23.00	mondhell	78 87	—	—	—	—
10. 6. 1962	6.10	1		—	—	3	
	8.45	2		—	—	4	
	11.00	2		—	—	6	
10. 8. 1962	18.00	3	86 51	—	—	—	—
11. 8. 1962	0.30	sternhell	100 85	—	—	3	
	6.00	1	93 80	—	—	4	
	8.00	1	88 56	—	—	5	
	10.00	3	66 44	2	—	4	
	12.00	3	68 38	—	—	4	
	14.00	3	68 34	—·	—	4	
	16.00	4	79 31	—	—	4	
	18.00	2	89 55	—	—	4	
29. 9. 1962	14.15	2	88 62	—	—	4	
	18.10	späte Dämmerung	98 92	—	—	2	
	20.00	Bodennebel sternhell	97 95	—	—	3	
30. 9. 1962	2.00	Bodennebel sternhell	97 100	—	—	3	
	8.00	0	100 97	—	—	4	
	12.00	0	74 59	—	—	6	

erfolgte ein starker Anstieg und nach 12 Uhr war der Maximalwert erreicht.

Cirsium canum war am 12. 5. um 11 Uhr nur mäßig gut infiltrierbar. Am 9. und 10. 6. hatte es nachts die Spalten geschlossen oder nur ganz wenig geöffnet. Die Höchstwerte wurden nach 11 Uhr erreicht. Nachmittagswerte fehlen. Dagegen waren am 10. 8. die Spalten nur nach 20 Uhr geschlossen, nach 22 Uhr und nach 0.30 Uhr jedoch weit offen und blieben es bis nach 8 Uhr morgens. Nach 10 Uhr trat eine starke Depression ein. Nach 12 Uhr war die Infiltration besser und nach 14 Uhr der Höchstwert wieder erreicht. Nach 18 Uhr scheinen sich die Spalten neuerdings verengt zu haben, wobei die einzelnen Blätter sehr unterschiedlich reagierten. Am 29. 9. waren nach 18 Uhr zu Beginn der Dunkelheit und nach 20 Uhr die Spalten weit offen. Die schwächste Infiltration wurde nach 8 Uhr morgens erzielt, die stärkste nach 12 Uhr mittags. Nachmittagswerte fehlen. Im ganzen läßt sich also eine Abnahme der nächtlichen Schließtendenz gegen den Herbst zu feststellen.

Auch hier sind die Spalten im Sommer nachts stark verengt, im Herbst dagegen gleich weit offen wie am Tag. Merkwürdig ist der Tiefstwert im September nach 8 Uhr, genauso wie bei *Cirsium canum*.

Inula salicina war bereits am 12. 5. um 11 Uhr recht gut infiltrierbar. Vom 9. 6. liegen keine Nachtwerte vor. Die schwächste Infiltration wurde nach 6 Uhr morgens erzielt. Nachmittagswerte fehlen. Am 10. und 11. 8. war die Infiltration nach 22 Uhr noch relativ gut, nach 0.30 Uhr drangen nur mehr Alkohol und Xylol kombiniert angewendet ein. Ab 8 Uhr liegen die Werte sehr hoch, nach 14 Uhr ist eine leichte Depression angedeutet. Um 18 Uhr liegt der Wert wieder sehr hoch. Im Herbst sind nur geringe Schwankungen festzustellen. Die Höchstwerte, mit überhaupt den besten Infiltrationsergebnissen liegen um Mittag, die Tiefstwerte nach 20 Uhr und nach 8 Uhr. Der Wert nach 2 Uhr ist höher als der nach 20 Uhr. Auch *Inula* hatte also die Spalten im Herbst gegenüber dem Sommer nachts wesentlich weiter offen.

Lycopus europaeus scheint umgekehrt zu reagieren wie die vorigen Arten. Es liegen nur Beobachtungen vom 10. 8. und vom 29. 9. vor. Im August war der Infiltrationswert nach 0.30 Uhr wohl wesentlich niedriger als die Tageshöchstwerte, aber noch immer relativ hoch. Der Höchstwert wurde nach 8 Uhr erreicht. Nach 18 Uhr zeigte sich ein deutlicher Abfall auf den tiefsten Wert dieser Serie. Am 29. und 30. 9. waren dagegen die Spalten nach 20 Uhr sehr stark verengt und nur bei kombinierter Anwendung von Alkohol und Xylol infiltrierbar. Die Tageswerte liegen dagegen hoch bis sehr hoch mit Maxima am Vormittag und zu Mittag.

Cirsium rivulare

Datum	Uhrzeit	Bewölkung in Zehntel	Relative Feuchtig-keit	Infiltration			
				Par.	Alk.	Xyl.	Al+X
12. 5. 1962	11.00	10	66 / 58	—	3	6	
9. 6. 1962	3.00	Regen 6	80 / 65	—	—	6	
	21.00	mondhell	94 / 89	—	—	1	1
	23.00	mondhell	78 / 87	—	—	—	
10. 6. 1962	1.15	sternhell		—	—	3	
	6.10	1		—	1	3	
	8.45	2		—	1	6	
	11.00	2		—	2	6	
10. 8. 1962	18.00	3	86 / 51	—	—	6	
	22.00	mondhell	100 / 61	—	—	2	3
11. 8. 1962	0.30	sternhell	100 / 85	—	—	3	
	6.00	1	93 / 80	—	—	5	
	8.00	1	88 / 56	—	3	6	
	10.00	3	66 / 44	—	—	3	
	12.00	3	68 / 38	—	—	6	
	14.00	3	68 / 34	—	—	3	
	16.00	4	79 / 31	—	—	4	
	18.00	2	89 / 55	—	1	3	
29. 9. 1962	14.15	2	88 / 62	1	3	6	
	18.10	späte Dämmerung	98 / 92	—	3	6	
30. 9. 1962	2.00	sternhell Bodennebel	97 / 100	—	4	6	
	8.00	0	100 / 97	—	—	6	
	12.00	0	74 / 59	—	4	6	

Menyanthes trifoliata

Datum	Uhrzeit	Bewölkung in Zehntel	Relative Feuchtigkeit	Infiltration		
				Par.	Alk.	Xyl.
12. 5. 1962	11.00	10	66 58	—	—	6
9. 6. 1962	14.00	Regen 8	76 63	—	2	6
	21.00	mondhell	94 89	—	4	5
	23.00	mondhell	78 87	—	3	—
10. 6. 1962	1.15	sternhell		—	2	4
	6.10	1		—	2	4
	8.45	2		—	2	6
	11.00	2		—	3	4
10. 8. 1962	18.00	3	86 51	—	4	6
	20.00	3, späte Dämmerung	91 71	—	2	4
11. 8. 1962	0.30	sternhell	100 85	—	3	4
	6.00	1	93 80	—	3	5
	8.00	1	88 56	—	2	6
	10.00	3	66 44	—	—	3
	12.00	3	68 38	—	2	3
	14.00	3	68 34	—	1	3
	16.00	4	79 31	—	2	4
	18.00	2	89 55	3	6	6
29. 9. 1962	14.15	2	88 62	2	6	6
	20.00	Bodennebel sternhell	97 95	—	5	6
30. 9. 1962	8.00	0	100 97	—	6	6
	12.00	0	74 59	2	6	6

Bemerkenswert ist die deutliche Depression im August während der warmen Tageszeit und das Maximum nach 18 Uhr.

Phragmites communis

Datum	Uhrzeit	Bewölkung in Zehntel	Relative Feuchtigkeit		Par.	Alk.	Xyl.	Al+X
12. 5. 1962	11.00	10	66	U	—	—	6	
			58	O	—	—	6	
9. 6. 1962	14.00	10 Regen 8	76	U	—	—	6	
			63	O	—	—	6	
	21.00	mondhell	94	U	—	—	—	3
			89	O	—	—	2	
	23.00	mondhell	78	U	—	—	—	2
			87	O	—	—	—	
10. 6. 1962	1.15	sternhell		U	—	—	—	1
				O	—	—	—	
	6.10	1		U	—	—	6	
				O	—	—	6	
	11.00	3		U	—	—	6	
				O	—	—	6	
10. 8. 1962	18.00	3	86	U	—	—	3	—
			51	O	—	—	—	
11. 8. 1962	0.30	sternhell	100	U	—	—	—	—
			85	O	—	—	—	
	6.00	1	93	U	—	—	6	
			80	O	—	—	6	
	8.00	1	88	U	—	—	6	
			56	O	—	—	6	
	10.00	3	66	U	—	—	6	
			44	O	—	—	6	
	12.00	3	68	U	—	—	6	
			38	O	—	—	6	
	14.00	3	68	U	—	—	6	
			34	O	—	—	6	
	16.00	4	79	U	—	—	6	
			31	O	—	—	6	
	18.00	2	89	U	—	—	—	—
			55	O	—	—	3	
29. 9. 1962	14.15	2	88	U	—	—	6	
			62	O	—	—	6	
	18.10	späte Dämmerung	98	U	—	—	6	
			92	O	—	—	6	
	20.00	sternhell Bodennebel	97	U	—	—	4	—
			95	O	—	—	—	
30. 9. 1962	2.00	sternhell Bodennebel	97	U	—	—	6	
			100	O	—	—	6	
	8.00	0	100	U	—	—	6	
			97	O	—	—	6	
	12.00	0	74	U	—	—	6	
			59	O	—	—	6	

Die Tabelle zeigt eine sehr gleichmäßige Öffnung während des Tages, auch bei dem feuchten Wetter am 12. 5. In der Nacht tritt im Herbst eine deutliche Abnahme der nächtlichen Schließtendenz ein.

Kerl (1930, S. 413) beobachtete bei zunehmender Trockenheit während des Tages ein Absinken der maximalen Öffnungsweite. Gleichzeitig vergrößerte sich die Dauer des nächtlichen Minimums.

Potentilla erecta hatte im Juni und im August die Spalten nachts deutlich verengt, im August jedoch stärker, wobei das Minimum mit fast vollständigem Schluß nach 20 Uhr auftrat, während nachher etwas bessere Infiltrationswerte erzielt wurden. Im Juni wurde das Minimum erst nach 1 Uhr erreicht. Im August ist auch schon nach 18 Uhr ein Abfall zu bemerken. Vom Juni liegen diesbezüglich keine Beobachtungen vor. Ende September sanken die Nachtwerte etwa ebenso stark wie im Juni ab.

Sanguisorba officinalis hatte im Juni und im August nachts die Spalten ganz oder fast ganz geschlossen. Dabei hat es den Anschein, als ob im August, wo um 19 Uhr der Tiefpunkt erreicht war, während der Nacht wieder eine ganz leichte Öffnungsbewegung eingesetzt hätte. Tagsüber sind, soweit ersichtlich, die Werte ziemlich konstant. Im August waren die Werte um 18 Uhr sehr uneinheitlich, einige Blätter, die schon in Schlafstellung übergegangen waren, hatten die Spalten schon geschlossen, die anderen noch weit offen. Ende September lagen die Nachtwerte nur wenig unter denen des Tages. In der Größenordnung der Tageswerte besteht zwischen den einzelnen Meßserien kein Unterschied.

Serratula tinctoria verhält sich wieder ähnlich der vorigen Art. Sowohl im Juni wie im August waren die Spalten nachts sehr stark verengt. Während jedoch die Weite im Juni in der Nacht kontinuierlich abnahm, ist für August nach dem Minimum um 19 Uhr eine leichte Zunahme um 22 Uhr festzustellen. Am Tage war am 11. 8. eine leichte Depression nach 10 Uhr und eine starke nach 16 Uhr eingetreten. Interessanterweise folgte darauf wieder eine sehr starke Spaltenerweiterung (gemessen nach 18 Uhr). Am 29. 9. veränderte sich die Öffnungsweite wieder am wenigsten. In der Nacht war eine nicht bedeutende, aber kontinuierliche Abnahme festzustellen. Der bei Regen am 12. 5. beobachtete Wert lag sehr hoch.

Succisa pratensis (vgl. nebenstehende Tabelle).

Auffallend ist die starke nächtliche Schließtendenz im Juni gegenüber der sehr weiten Öffnung während der Nacht im August.

Succisa pratensis

Datum	Uhrzeit	Bewölkung in Zehntel	Relative Feuchtig-keit	Infiltration			
				Par.	Alk.	Xyl.	Al+X
9. 6. 1962	14.00	8	76 63	—	3	6	
	21.00	mondhell	94 89	—	—	—	3
	23.00	mondhell	78 87	—	2	—	3
10. 6. 1962	6.10	1		—	—	6	
	11.00	2		—	—	6	
10. 8. 1962	18.00	3	86 51	—	4	4	
11 8 1962	0.30	sternhell	100 85	—	6	6	
	6.00	1	93 80	3	6	6	
	8.00	1	88 56	—	4	6	
	10.00	3	66 44	1	5	6	
	12.00	3	68 38	5	6	6	
	14.00	3	68 34	3	6	6	
	16.00	4	79 31	—	3	6	
	18.00	2	89 55	—	—	4	
29. 9. 1962	14.15	2	88 62	4	6	6	
	18.10	späte Dämmerung	98 92	—	5	6	
	20.00	Bodennebel sternhell	97 95	—	5	4	
30. 9. 1962	2.00	sternhell Bodennebel	97 100	—	5	4	
	8.00	0	100 97	3	6	6	
	12.00	0	74 59	3	6	6	

Auch die Zunahme der Öffnungsweite von 18 Uhr auf 0.30 Uhr ist zu beachten. Im September scheinen dagegen die Spalten während der Nacht unverändert zu bleiben. Schließlich sind noch die durchschnittlich niedrigeren Juniwerte zu beachten.

Tetragonolobus maritimus subsp. *siliquosus* war am 12. 5. um 11 Uhr nur mäßig gut infiltrierbar. Im Juni wurden am Vormittag hohe Werte erzielt. In der Nacht verhielten sich verschiedene Individuen sehr verschieden. Das Minimum wurde jedenfalls schon nach 21 Uhr erreicht. Nach 23 Uhr nehmen die Werte wieder zu, nach 1 Uhr wieder ab, liegen aber höher als um 21 Uhr. Die Höchstwerte wurden um 11 Uhr beobachtet. Vom August existieren nur Tageswerte. Sie liegen durchwegs hoch. Am Morgen nach 6 Uhr und nach 18 Uhr war die Infiltration etwas schwächer als zu den übrigen Zeiten. Auch Ende September werden sehr hohe Tageswerte erreicht, während in der Nacht die Spalten anscheinend völlig oder fast völlig geschlossen waren.

Es ist schwer möglich, aus den wenigen Beobachtungsserien Schlüsse zu ziehen. Trotzdem lassen sich bei mehreren Arten gewisse Regelmäßigkeiten erkennen, die auf bestimmte Verhaltenstendenzen hinweisen könnten. Bei den im Alpengebiet untersuchten Arten scheint die Mehrzahl mehr oder weniger deutlich dazu zu neigen, die Spalten nachts bei feuchtem Wetter weiter offen zu halten als bei trockenem Wetter, während am Neusiedler See nur *Potentilla erecta* und vielleicht *Carex acutiformis* sich so verhalten. In den Sumpfwiesen ist dagegen bei vielen Arten die Neigung zu erkennen, im Herbst die Spalten weit offen zu lassen. Nur *Lycopus europaeus* und vielleicht *Centaurea jacea* und *Tetragonolobus siliquosus* scheinen sich entgegengesetzt zu verhalten.

Gemeinsame Arten

Caltha palustris

Datum	Uhrzeit	Bewölkung in Zehntel	Relative Feuchtigkeit	Infiltration			
				Par.	Alk.	Xyl.	Al+X
14. 4. 1962	12.00	10	56	—	—	—	6
12. 5. 1962	11.00	10	66	—	5	5	
		Regen	58				
9. 6. 1962	14.00	8	76	—	3	6	
			63				
	21.00	mondhell	94	—	3	4	
			89				
	23.00	mondhell	78	—	3	4	
			87				

Datum	Uhrzeit	Bewölkung in Zehntel	Relative Feuchtigkeit	Infiltration			
				Par.	Alk.	Xyl.	Al + X
10. 6. 1962	1.15	sternhell		—	—	3	
	6.10	1		—	3	4	
	8.45	2		—	5	6	
	11.00	2		—	5	4	
10. 8. 1962	18.00	3	86 51	—	4	5	
	20.00	späte Dämmerung	91 71	—	4	4	
11. 8. 1962	0.30	sternhell	100 85	—	4	4	
	6.00	1	93 80	2	6	6	
	8.00	1	88 56	—	3	3	
	10.00	3	66 44	2	3	6	
	12.00	3	68 38	—	4	4	
	14.00	3	68 34	—	4	4	
	16.00	4	79 31	—	4	4	
	18.00	2	89 55	—	2	3	
29. 9. 1962	14.15	2	88 62	3	6	6	
	18.10	späte Dämmerung	92 98	—	5	6	
	20.00	sternhell Bodennebel	97 95	—	6	6	
30. 9. 1962	8.00	0	97 100	—	6	6	
	12.00	0	74 59	—	5	6	

Es fällt eine deutliche Abnahme der nächtlichen Schließtendenz gegen den Herbst zu auf. Ferner ist bemerkenswert, daß der Höchstwert im Juni und im August in die Morgenstunden fällt.

Colchicum autumnale zeigte bei den Untersuchungsserien am 9. und 10. 6. 1962 am Neusiedler See eine sehr starke nächtliche Schließtendenz, wobei die Öffnungsweite von 21 Uhr bis nach 1 Uhr kontinuierlich bis auf fast 0 abnahm. Die einzige Untersuchung vom 12. 5. um 11 Uhr erbrachte bei Regen einen etwas geringeren Wert als bei Sonnenschein um die gleiche Zeit im Juni.

Vom Schneeberg liegen nur Tageswerte vom 3. und 4. 6. 1961 vor, wo feuchtes Wetter bei wechselnder Bewölkung herrschte. Die Werte vom Nachmittag liegen in der Größenordnung der Höchstwerte vom Neusiedler See. Am Morgen nach 7 Uhr war der Infiltrationserfolg jedoch relativ gering, was vielleicht auf eine ebenfalls starke nächtliche Verengung hindeutet.

Dactylis glomerata wurde am Neusiedler See am 9. 6. und am 10. 8. 1962 auch nachts untersucht. Im Juni waren die Spalten nach 21 Uhr unterseits nicht, oberseits sehr schwach infiltrierbar, nach 23 Uhr überhaupt nicht, im August unterseits nicht, oberseits mittelstark mit Xylol. Tagsüber wurde im August das Maximum um die Mittagszeit erreicht, nach 18 Uhr erfolgt noch bei Tageslicht wieder ein Abfall auf denselben Wert wie nach 0.30 Uhr. Von den übrigen Monaten liegen nur Einzelwerte vor. Auch vom Schneeberg liegen nur wenige Werte von verschiedenen Monaten vor. Am 9. 7. 1961 waren die Spalten am frühen Morgen oberseits und unterseits nur mit Xylol (Infiltrationsstufe 3) infiltrierbar. *Dactylis* muß also ebenso wie *Colchicum* zu den Arten mit starker Schließtendenz gerechnet werden. Bei einer Differenz zwischen Blattunterseite und -oberseite ist immer die Oberseite besser infiltrierbar.

Deschampsia caespitosa wurde nur dreimal am Neusiedler See und einmal am Eisenhut untersucht, immer um die Mittagszeit. Auch hier ergab die Oberseite immer die weit stärkere Infiltration. Merkwürdigerweise wurde der Höchstwert (am Eisenhut) bei bedecktem Himmel beobachtet und der höchste Wert am Neusiedler See bei Regen.

Gentiana austriaca (vgl. nebenstehende Tabelle) hat also nachts die Spalten nicht oder nur wenig verengt.

Leontodon hispidus war im September am Schneeberg in der Nacht zwar deutlich, aber nicht sehr viel schwächer als am Tage, infiltrierbar. Gegenüber den bei feuchtem Wetter beobachteten Juli- sind die September-Tageswerte von 1961 niedriger. Nachtbeobachtungen liegen vom Juli nicht vor. Der bei bedecktem Himmel im Oktober erzielte Wert liegt in der Größenordnung der Juliwerte. Am Neusiedler See wurde *Leontodon* mehrmals nur am 29. 9. beobachtet. Die Werte um Mittag sind sehr hoch, in der Größenordnung der größten Juliwerte vom Schneeberg. Auch nach 18 Uhr, bei Beginn der Dunkelheit, war noch eine starke, wenn auch gegenüber Mittag deutlich geringere Infiltration zu erzielen.

Gentiana austriaca

Datum	Uhrzeit	Bewölkung in Zehntel	Relative Feuchtigkeit	Par.	Alk.	Xyl.
12. 9. 1958	17.35	9		5	6	6
	20.45			3	6	6
13. 9. 1958	7.00	1		5	6	6
	13.37	4		6	6	6
2. 9. 1961	13.00	0	46 / 37	—	2	6
	14.00	0	56 / 41	—	1	6
	16.00	0	53 / 37	—	1	6
	21.00	sternhell	39 / 33	—	3	2
3. 9. 1961	1.00	mondhell	52 / 38	—	3	4
1. 9. 1962	17.00	0	53 / 49 / 49	—	—	3
7. 10. 1962	12.00	10	88	—	2	6
29. 9. 1962	14.15	2	62	1	3	6
	18.10	späte Dämmerung	98 / 92	—	5	6
30. 9. 1962	8.00	0	100 / 97	2	4	5
	12.00	0	74 / 59	—	4	6

Lotus corniculatus wurde am Neusiedler See im Juni, August und Ende September beobachtet. Eine längere Serie liegt nur vom August vor, wo die Spalten nach 0.30 Uhr stark verengt waren, sodaß nur Xylol etwas eindrang. Die höchsten Werte wurden um die Mittagszeit erreicht. Nach 18 Uhr, noch bei Tageslicht, waren die Spalten völlig geschlossen. Auch die schwache Infiltration am 29. 9. nach 8 Uhr deutet vielleicht auf eine starke nächtliche Schließtendenz. Die Mittagswerte lagen Ende September ebenso hoch wie im August. Die wenigen Werte vom Schneeberg lassen ein ähnliches Verhalten wie am Neusiedler See vermuten. Am 4. 6. waren die Spalten um 5 Uhr sehr stark verengt. Am 8. 7. wurde gegen Mittag eine sehr starke Infiltration erzielt.

Ranunculus acer

Datum	Uhrzeit	Bewölkung in Zehntel	Relative Feuchtig- keit	Infiltration		
				Par.	Alk.	Xyl.
12. 5. 1962	11.00	10	66 58	2	6	6
9. 6. 1962	11.00	6	91 81	3	6	6
	21.00	mondhell	94 89	—	3	3
	23.00	mondhell	78 87	—	3	4
10. 6. 1962	1.15	sternhell		—	4	4
	6.10	1		—	3	4
	8.45	2		5	6	6
	11.00	3		2	5	6
10. 8. 1962	18.00	3	86 51	2	5	6
	22.00	mondhell	100 61	—	4	4
11. 8. 1962	0.30	sternhell	100 85	—	4	4
	6.00	1	93 80	2	5	6
	8.00	1	88 56	1	6	6
	12.00	3	68 38	—	6	6
	14.00	3	68 34	2	4	6
	16.00	4	79 31	—	6	6
	18.00	2	89 55	1	5	6
29. 9. 1962	14.15	2	88 62	2	6	6
	18.10	späte Dämmerung	98 92	3	5	6
	20.00	sternhell	97 95	—	5	6
30. 9. 1962	2.00	sternhell Bodennebel	97 100	—	5	6
	8.00	0	100 97	—	4	6
	12.00	0	74 59	2	5	6
3. 6. 1961	14.00	8		2	6	6
4. 6. 1961	6.00	10		2	6	6

Datum	Uhrzeit	Bewölkung in Zehntel	Relative Feuchtigkeit	Infiltration		
				Par.	Alk.	Xyl.
11. 7. 1962	3.00	sternhell		—	5	6
13. 7. 1962	1.45	sternhell		—	4	6
	12.45	8		3	6	6
2. 7. 1961	0.30	mondhell		—	2	5
3. 7. 1961	0.30	mondhell		—	4	2

Die Beobachtungen vom 12. 5., 9. 6., 10. 8. und 29. 9. stammen vom Neusiedler See, die Beobachtungen vom 3. 6. und 4. 6. vom Schneeberg, vom 11. 7. und 13. 7. vom Eisenhut und die vom 2. 7. und 3. 7. von der Rax.

Ranunculus acer hat also im Sommer, besonders bei schönem Wetter nachts die Spalten gegenüber den Höchstwerten des Tages wohl deutlich verengt aber doch noch immer weit offen. Im Herbst scheint der Tag-Nacht-Unterschied geringer zu werden. Bemerkenswert ist auch, daß am 10. 8. anscheinend keine oder fast keine Mittagsdepression eintrat. Die Werte sind in der Größenordnung an den verschiedenen Standorten recht ähnlich.

Ranunculus repens wurde sowohl am Neusiedler See wie am Schneeberg nur selten untersucht. Der einzige Nachtwert vom 29. 9. nach 20 Uhr stammt vom Neusiedler See und deutet auf eine nicht sehr starke nächtliche Spaltenverengung.

Veratrum album (vgl. Tabelle S. 78).

Die Werte vom 13. und 14. 5., vom 3. und 4. 6., vom 8. und 9. 7. stammen vom Schneeberg, die Werte vom 12. 5., 9. 6. vom Neusiedler See, die Werte vom 10. und 11. 7. und vom 13. 7. vom Eisenhut, die Werte vom 2. und 3. 7. von der Rax.

Veratrum album hatte an allen Standorten nachts die Spalten nur wenig oder gar nicht verengt.

*

Soweit das Beobachtungsmaterial zur Beurteilung ausreicht, hat es den Anschein, daß an verschiedenen Standorten keine prinzipiellen Unterschiede im stomatären Verhalten auftreten.

Von den hier vereinigten Arten sind Vertreter aller drei oben besprochenen Verhaltenstypen vereinigt. Diejenigen, die eine starke nächtliche Schließtendenz haben, sind durchwegs solche, welche beide Standorte sozusagen in breiter Front erreichen, das heißt, in

Veratrum album

Datum	Uhrzeit	Bewölkung in Zehntel	Relative Feuchtigkeit	Infiltration		
				Par.	Alk.	Xyl.
13. 5. 1961	13.00	9	86 78	—	3	4
	17.00	6	78 76	—	3	2
14. 5. 1961	0.55	4	98 72	—	3	2
	9.00	10	88 86	—	3	4
3. 6. 1961	14.00	Regen 8		—	4	4
4. 6. 1961	3.45	10		—	4	—
	13.10	7		—	3	4
8. 7. 1961	9.30	7	71 73	1	5	4
	13.30		76 62	2	4	4
9. 7. 1961	3.40	7		—	5	3
	7.00	10	75 63	—	4	3
	17.30	Regen 3	81 61	—	4	3
12. 5. 1962	11.00	10	66 58	2	4	4
9. 6. 1962	14.00	Regen 8	76 63	—	3	4
	21.00	mondhell	94 89	—	4	4
10. 6. 1962	1.15	sternhell		—	3	3
	6.10	1		—	4	3
	8.45	2		—	4	4
	11.00	3		—	4	5
10. 7. 1962	14.00	6		—	4	4
11. 7. 1962	3.00	sternhell		—	4	4
13. 7. 1962	1.45	sternhell		—	4	4
	12.25	8		—	4	6
3. 7. 1962	0.30	mondhell		—	4	3
2. 7. 1962	0.30	mondhell		—	4	4

den dazwischenliegenden Höhenstufen häufig wachsen und vom
Wärmeren oder vom Trockeneren her in die beiden untersuchten
Biotope vordringen. Anders verhält es sich mit den Arten, die
zwischen Hochlagen und Sumpfwiesen nicht oder nur spärlich vorkommen, also *Gentiana austriaca* und *Veratrum album*. Sie zeichnen
sich durch eine besonders schwache nächtliche Verengungstendenz

aus. Hierher wäre auch *Parnassia palustris* zu rechnen, das zwar nur am Neusiedler See untersucht wurde, verbreitungsmäßig aber dieselbe Disjunktion aufweist. Schließlich sei noch darauf hingewiesen, daß alle drei Arten sich hauptsächlich außerhalb der heißesten Jahreszeit entwickeln. *Veratrum* zieht im Hoch- und Spätsommer ein, *Gentiana* und *Parnassia* blühen, wenigstens in der Ebene, erst im Herbst.

VI. Rückblick

In der vorliegenden Arbeit ist erstmals versucht worden, neben der Beobachtung der einzelnen Art auch die charakteristischen Züge des stomatären Verhaltens ganzer Pflanzenbestände zu erfassen. Hiezu wurde ein mittlerer Infiltrationswert aus allen Einzelwerten einer Beobachtungsreihe gebildet (siehe S. 5). Nur die durch kombinierte Anwendung von Alkohol und Xylol gewonnenen Werte sind dazu aus den auf S. 3 angegebenen Gründen nicht herangezogen worden. Die mittleren Infiltrationswerte entsprechen, wie die Tabellen (S. 6 u. S. 29) zeigen, recht gut der jeweiligen meteorologischen Situation.

Versuchen wir nun das, was gesetzmäßig erscheint, zusammenzufassen und zu erörtern: Der Einfluß des Lichtes tritt insofern deutlich hervor, als die Mittelwerte des Tages stets höher liegen als die der Nacht. Der Einfluß des Wasserfaktors zeigt sich am besten in den relativ niedrigen Nachmittagswerten während zweier trockener Septembertage am Schneeberg. Schwieriger lassen sich die anderen Schwankungen interpretieren.

Besonders interessant sind die Ergebnisse vom 13. und 14. 5. Es liegt nahe, den niedrigen Mittagswert am 13. mit dem Neuschnee und der damit verbundenen niedrigen Temperatur in Zusammenhang zu bringen, wie überhaupt in der ganzen Beobachtungsserie die Infiltrationsergebnisse zum Temperaturgang deutliche Beziehungen zeigen. In der Nacht sank die Temperatur nur wenig ab, und das Tauen hielt an. Dementsprechend sinkt auch der Infiltrationswert weniger, als sonst jemals beobachtet, ab. Einige Pflanzen, am deutlichsten *Geranium robertianum* (S. 56), erreichten sogar in der Nacht ihre maximale Öffnung. Da die Luftfeuchtigkeit nicht erheblich schwankte und der Höchstwert (am 14. 5. nach 9 Uhr) bei völlig bedecktem Himmel erreicht wurde, scheint die Temperatur, mittelbar oder unmittelbar, die Stomataweite mitbestimmt zu haben.

Während im Juni und Juli bei relativ feuchter Witterung die Tagesgänge hauptsächlich vom Licht beherrscht wurden, erscheinen im September durch die Trockenheit nicht nur die Tages-, sondern auch die Nachtwerte im Mittel herabgedrückt. Bei einzelnen Arten konnte aber auch das Gegenteil beobachtet werden, wie *Astragalus glycyphyllos* (S. 55) zeigt, der entgegen der allgemeinen Tendenz die Spalten während der Nacht vom 1. auf den 2. 9. zusehends öffnete

Am Neusiedler See ist im Juni die deutliche Zunahme der Öffnungsweite während der Nacht nach einem frühen Minimum beachtlich, wobei die mittleren Infiltrationswerte noch durch ein entsprechendes Verhalten besonders vieler Einzelarten gestützt werden. Eine Interpretation ist schwierig. Obwohl die Luftfeuchtigkeit auch tagsüber in Bodennähe hoch war, könnte vielleicht die Taubildung mit dem leichten Anstieg in Verbindung stehen. Möglicherweise spielt auch das Mondlicht eine Rolle. Doch bliebe das Verhalten der Spalten in mondhellen und in dunklen Nächten bei sonst ähnlichen Umweltfaktoren zu vergleichen. Aus den Nachtwerten des August ist nicht so klar ersichtlich, ob ein ähnlicher Anstieg wie im Juni erfolgt war. Dagegen geht aus dem Maximum nach 8 Uhr und dem Absinken nach 10 Uhr hervor, daß selbst an diesem feuchten Standort viele Pflanzen zu einer, wenn auch geringen, mittäglichen Spaltenverengung gezwungen waren. Dabei ist interessant, daß die Sumpfpflanze *Menyanthes trifoliata* (S. 68), die nur die Blätter über das Wasser emporschickt, besonders empfindlich zu sein scheint und eine zweigipfelige Kurve aufweist, wobei der Gipfel gegen Abend wesentlich deutlicher ausgeprägt ist als der am Morgen. Für eine besondere Empfindlichkeit des Wasserhaushaltes spricht auch, daß das nächtliche Minimum deutlich höher liegt als das Minimum während des Tages. Dagegen scheint z. B. *Mentha aquatica* (S. 54) sehr leistungsfähige Leitungsbahnen zu besitzen, da sie den ganzen Tag über die Spalten weit offen hatte und nach 14 Uhr, gerade während der größten Lufttrockenheit, das Maximum erreichte. — Ende September liegt auch das mittlere Maximum wieder mittags. Die Öffnungsbewegung der Pflanzen folgt also im Durchschnitt dem Licht, wobei die höchsten überhaupt beobachteten Werte erreicht werden. Auch die Nachtwerte sind die höchsten beobachteten. Zum Unterschied vom Juni und vom August scheinen sie jedoch die ganze Nacht über langsam abzusinken.

Versuchen wir nun auch die Ergebnisse bei den einzelnen Arten zusammenzufassen. Zunächst fällt es auf, daß recht verschiedene Verhaltensweisen auf demselben Standort vorkommen, was weiter nicht verwunderlich ist, deckt sich dieser Befund doch sowohl mit den Erfahrungen bezüglich der morphologischen Lebensformen (vgl. BRAUN-BLANQUET 1951, 1963) wie der physiologischen Typen (vgl. STOCKER 1956, S. 474 über die Transpiration). Andererseits sind die verschiedenartigen Typen auch nicht regellos über die Standorte verstreut, sondern lassen ganz bestimmte Schwerpunkte erkennen.

Für unsere Untersuchungsgebiete scheint es kennzeichnend zu sein, daß eine große Anzahl von Pflanzen, wenigstens unter hiefür günstigen Bedingungen, nachts die Spalten nicht oder nicht vollständig schließt. Dabei haben gerade diejenigen drei Arten (*Veratrum album*, *Gentiana austriaca* und *Parnassia palustris*), deren Hauptvorkommen in den kühlen Hochlagen liegt und die in der warmen Ebene auf die Feuchtwiesen beschränkt sind, eine extrem geringe nächtliche Schließtendenz. Betrachtet man den physiologischen Sinn des Spaltenschlusses im Dunkeln als eine Wassersparmaßnahme (HÜBL 1961, S. 395), so steht das beobachtete Verhalten damit im Einklang, daß die genannten Arten auf feuchten oder kühlen Standorten gedeihen bzw. die heißeste Jahreszeit meiden (siehe oben S. 77). Weiters scheinen Pflanzen mit dem Boden angedrückten Rosettenblättern, die durch diesen Wuchs vor starker Transpiration geschützt sind, zu einer Daueröffnung der Spalten zu neigen. Beispiele dafür liefern *Leontodon hispidus* (S. 74) und *Plantago media* (S. 57). Schließlich ist bei ganzen systematischen Gruppen die Neigung zu erkennen, die Spalten nachts nur wenig zu schließen, wie bei *Gentiana*, vielleicht *Ranunculus*, und wie schon LEITGEB nachwies, unseren meisten heimischen Orchideen. Bemerkenswerterweise zeigten meine wenigen Beobachtungen im Juni an *Orchis palustris* (S. 55) bei dieser Art eine starke nächtliche Verengung. Zu *Gentiana* ist zu sagen, daß die meisten Arten auf höhere Lagen beschränkt sind und die wenigen Vertreter der Ebene hauptsächlich in feuchten Wiesen vorkommen. Auch die wenigen Beobachtungen an Rhinantheen deuten auf eine geringe nächtliche Schließtendenz, was bei diesen Wurzelschmarotzern, die nicht mit dem Wasser haushalten müssen, verständlich wäre. Gerade bei ihnen, besonders bei den kleinblättrigen Euphrasien, ist jedoch die Infiltration bei schwachem Licht schwierig zu beobachten, sodaß die Ergebnisse nicht ganz sicher sind.

Im Gegensatz zu den eben genannten Pflanzen, die verschwenderisch mit dem Wasser umgehen oder durch ihre Gestalt genügend vor übermäßiger Verdunstung geschützt sind, liefern zwei Laubbäume, *Acer pseudoplatanus* und *Fagus silvatica*, die schönsten Beispiele für eine starke nächtliche Schließtendenz, die unter verschiedenen ökologischen Bedingungen erhalten bleibt.

PISEK und WINKLER (S. 262) haben gerade an einigen Laub-
bäumen (u. a. *Fagus*) nachgewiesen, daß sie sehr empfindlich auf
ein Wasserdefizit reagieren.

Sicher begünstigt also bei vielen Pflanzen eine hohe Luftfeuchtigkeit das Offenlassen der Spalten in der Nacht, worauf schon
die alten Autoren LEITGEB und BURGERSTEIN hingewiesen haben.

Eine entscheidende Rolle scheint der Wasserhaushalt in
manchen Fällen bei den nächtlichen Öffnungsbewegungen zu
spielen, so etwa, wenn das Öffnungsmaximum erst während der
Dunkelheit eintritt, wie dies LOFTFIELD für seinen Luzerne-Typ
bei längeren Dürreperioden angibt. Ein solcher Fall scheint bei
unserem Beobachtungsmaterial im September bei *Astragalus
glycyphyllos* (S. 55) vorzuliegen. Es handelt sich dabei zweifellos
um eine Notstandsmaßnahme der Pflanze, wobei vielleicht die
nächtliche Aufsättigung mit Wasser das Öffnen der Spalten fördert.
Bei einer solchen Annahme kommt man allerdings mit den
klassischen STÅLFELTschen Bewegungsmechanismen nicht aus, da
STÅLFELT nur vom Wasser verursachte Schließbewegungen angibt.
Man müßte hier aber auch eine hydroaktive Öffnungstendenz an-
nehmen, die unter normalen Bedingungen meist von den anderen
Tendenzen überlagert, nur unter besonderen Umständen wirksam
würde. Der Beweis dafür könnte natürlich nur im Laboratorium
erbracht werden.

Im Laufe der Untersuchungen wurde mehrmals beobachtet,
daß junge Blätter sich nachts oft wesentlich schlechter infiltrieren
lassen als ältere (vgl. *Gentiana pannonica* S. 24 u. *Ononis spinosa*
S. 35). Dies hat wieder eine Parallele in der stärkeren und emp-
findlicheren hydroaktiven Schließbewegung jugendlicher Blätter
gegenüber älteren, wie sie z. B. PISEK und BERGER (S. 128) an
Caltha palustris und PISEK und WINKLER (S. 263) an einer Reihe
anderer Pflanzen festgestellt haben. Ein frühzeitiges Funktions-
unfähigwerden der Stomata bei Schwimmpflanzen hat schon
HABERLANDT (S. 107) angenommen. Vielleicht können damit
wenigstens z. T. die widersprüchlichen Angaben in der Literatur
über das Verhalten der Wasser- und Sumpfpflanzen erklärt werden,
wo für ein und dieselbe Art oft ganz verschiedene Verhaltensweisen
festgestellt wurden (Literatur bei WENZL 1939). Auch die hohen
Infiltrationswerte am Neusiedler See Ende September sind wahr-
scheinlich durch ein Nachlassen der stomatären Reaktionsfähigkeit
bei vielen Pflanzen mitverursacht. Bei manchen Arten, wie
Menyanthes und *Caltha*, ist ein Abklingen der nächtlichen Schließtendenz gegen den Herbst zu evident. Im übrigen kann man sicher
nicht von einem einheitlichen Sumpfpflanzentyp sprechen, wie u. a.

das konträre Verhalten von *Menyanthes* und *Mentha aquatica* beweisen.

Literaturverzeichnis

Bojko, H., 1932: Über die Pflanzengesellschaften im burgenländischen Gebiet östlich vom Neusiedler See. Burgenländische Heimatblätter 1, 43—54. Eisenstadt.

Braun-Blanquet, J., 1951, 1963: Pflanzensoziologie, 2. u. 3. Aufl. Wien.

Burgerstein, A., 1920: Änderungen der Spaltöffnungsweite unter dem Einfluß verschiedener Bedingungen. Verh. Zool.-Bot. Ges. in Wien. 70, 113—131. Wien.

Guttenberg, H. von, 1927: Studien über das Verhalten des immergrünen Laubblattes der Mediterranflora zu verschiedenen Jahreszeiten. Planta 4, 726—779. Berlin.

Haberlandt, G., 1887: Zur Kenntnis des Spaltöffnungsapparates. Flora 70, 97—110. Regensburg.

Hartl, H., 1963: Die Vegetation des Eisenhutes im Kärntner Nockgebiet. Dissertation. Wien.

Härtel, O., 1936: Pflanzenökologische Untersuchungen an einem xerothermen Standort bei Wien. Jahrb. wiss. Bot. 83, 1—59. Leipzig.

Hübl, E., 1960: Spaltöffnungsstudien an Farnen des „Märchenwaldes" im Amertal. Verh. Zool.-Bot. Ges. in Wien. 100, 146—161. Wien.

— 1961: Über das statomäre Verhalten von *Allium ursinum.* Österr. Bot. Z. 108, 379—398. Wien.

Kerl, H. W., 1930: Beitrag zur Kenntnis der Spaltöffnungsbewegung. Planta 9, 407—463. Berlin.

Knötig, H., 1957: Zeitstruktur als Einpassungsfaktor. Verh. Dtsch. Zool. Ges. in Graz, 304—330.

— 1959: Physiognomischer Vergleich artgleicher Tiere (*Lacerta vivipara*) aus Gebirge (Schneeberg) und Steppe (Neusiedlersee-Ostufer). Dissertation. Wien.

Kovács, M., 1962: Die Moorwiesen Ungarns. Budapest.

Leitgeb, H. (1886), 1888: Beiträge zur Physiologie des Spaltöffnungsapparates. Mitt. Bot. Inst. Graz 1, 123—184. Jena.

Loftfield, G., 1921: The behaviour of stomata. Carnegie Instn. Publ. 314. (Zitiert nach Stålfelt 1956).

Migsch, H., 1939: Ökologisch-physiologische Untersuchungen an Pflanzen des Frauensteins. Dissertation. Wien.

Pisek, A. u. E. Berger 1938: Kutikuläre Transpiration und Trockenresistenz isolierter Blätter und Sprosse. Planta 28, 124—155. Berlin.

Pisek, A. u. E. Winkler, 1953: Die Schließbewegung der Stomata bei ökologisch verschiedenen Pflanzentypen in Abhängigkeit vom Wassersättigungszustand der Blätter und vom Licht. Planta 42, 253—278. Berlin-Göttingen-Heidelberg.

Stålfelt, M. G., 1929: Die Abhängigkeit der Spaltöffnungsreaktionen von der Wasserbilanz. Planta 8, 287—340. Berlin.

— 1956: Die stomatäre Transpiration und die Physiologie der Spaltöffnungen. In: W. Ruhland, Handbuch der Pflanzenphysiologie, Bd. III, 351—426. Berlin-Göttingen-Heidelberg.

Stocker, O., 1929: Eine Feldmethode zur Ermittlung der momentanen Transpirations- und Evaporationsgröße. Ber. Dtsch. Bot. Ges. 47, 126—129. Berlin-Dahlem.

— 1956: Die Abhängigkeit der Transpiration von den Umweltfaktoren. In: W. Ruhland, Handbuch der Pflanzenphysiologie, Bd. III, 436—488. Berlin-Göttingen-Heidelberg.

Wagner, H., 1950: Das Molinietum coeruleae (Pfeifengraswiese) im Wiener Becken. Vegetatio, Acta Geobotanica 2, 128—165. Den Haag.

Wendelberger, G., 1950: Zur Soziologie der kontinentalen Halophytenvegetation Mitteleuropas. Unter besonderer Berücksichtigung der Pflanzengesellschaften am Neusiedler See. Denkschr. Österr. Akad. Wiss. Wien, math. nat. Kl. 108. Wien.

Wenzl, H., 1939: Das Verhalten der Spaltöffnungen von Wasser- und Sumpfpflanzen. Jahrb. wiss. Bot. 88, 123—140. Berlin.

Die in den Sitzungsberichten Abtlg. I und Abtlg. II der math.-nat. Klasse der Österr. Ak. d. Wiss. erscheinenden Abhandlungen werden auch einzeln abgegeben. Sie können durch jede Buchhandlung oder direkt durch die Auslieferungsstelle der Österreichischen Akademie der Wissenschaften (Wien I, Singerstraße 12) bezogen werden.

Nachfolgende Abhandlungen aus dem Fach der Z o o l o g i e sind erschienen:

1959 (S I Bd. 168):

Löffler Heinz: Zur Limnologie. Entomostraken- und Rotatorienfauna des Seewinkelgebietes (Burgenland, Österreich) (mit 5 Textabbildungen und 4 Tafeln). S 60.20

Remaudière Georges: Zoologisch-systematische Ergebnisse der Studienreise von H. Janetschek und W. Steiner in die spanische Sierra Nevada 1954. XI. Homoptera, Aphidoidea (mit 12 Textabbildungen). S 9.70

Schubart Otto: Zoologisch-systematische Ergebnisse der Studienreise von H. Janetschek und W. Steiner in die spanische Sierra Nevada 1954. XII. Diplopoda (mit 9 Textabbildungen). S 16.50

Schuster Reinhart: Ökologisch-faunistische Untersuchungen an den bodenbewohnenden Kleinarthropoden (speziell Oribatiden) des Salzlachengebietes im Seewinkel (mit 6 Textabbildungen). S 45.40

Steiner Walter: Zoologisch-systematische Ergebnisse der Studienreise von H. Janetschek und W. Steiner in die spanische Sierra Nevada 1954. X. Springschwänze (Collembola) (mit 5 Textabbildungen). S 12.90

Wettstein-Westersheimb Otto: Die alpinen Erdmäuse. S 10.—

1960 (S I Bd. 169):

Abel W.: Biophysikalische Gesetzmäßigkeiten am Vogelei (Das Aktivstufengesetz und Energiegesetz) (mit 20 Abbildungen, davon 2 Abbildungen auf 1 Tafel). S 60.—

Nemenz H.: Experimente zur Ionenregulation der Larve von Ephydra cinerea Jones (Dipt.) (mit 7 Textabbildungen). S 20.30

Viets O. Kurt: Kleine Sammlungen von Wassermilben (Hydrachnellae und Porohalacaridae aus Österreich (mit 9 Textabbildungen). S 17.—

1961 (S I Bd. 170):

Abel E. F., Über die Beziehungen mariner Fische zu Hartbodenstrukturen (mit 5 Textabbildungen). S 170—24, S 47.—

Eiselt Josef, Neubeschreibungen und Revision siphonostomer Cyclopoiden (Copepoda, Crust.) von der südlichen Hemisphäre nebst Bemerkungen über die Familie Artotrogidae Brady 1880 (mit 18 Textabbildungen). S 170—29, S 82.—

Gozmány L., Zoologische Ergebnisse der Mazedonienreisen Friedrich Kasys. III. Teil: Lepidoptera: Gelechiidae. Eine neue Art der Gattung Eremica (mit 1 Textabbildung). S 170—28, S 5.—

Hannemann H. J., Zoologische Ergebnisse der Mazedonienreisen Friedrich Kasys. II. Teil: Lepidoptera: Scythridae (mit 4 Textabbildungen). S 170—27, S 8.—

Petrovitz Rudolf, Zoologische Ergebnisse der Österreichischen Karakorum-Expedition 1958. II. Teil: Coleoptera: Scarabaeidae (mit 12 Textabbildungen). S 170—5, S 17.90

Starmühlner Ferdinand, Eine kleine Molluskenausbeute aus Nord- und Ostiran (mit 1 Textabbildung und 2 Tafeln). S 170—4, S 14.70

Toll Sergiusz, Zoologische Ergebnisse der Mazedonienreisen Friedrich Kasys. I. Teil: Lepidoptera: Choleophoridae (mit 54 Textabbildungen und 1 Tafel). S 170—26, S 33.—

1962 (S I Bd. 171):

Beier Max, Zoologische Studien in West-Griechenland. X. Teil. Walter Klemm, Die Gehäuseschnecken (mit 1 Kartenskizze, 2 Abbildungen und 4 Tafeln) 171—7, S 55.—

Schedl Wolfgang. Ein Beitrag zur Kenntnis der Pilzübertragungsweise bei xylomycetophagen Scolytiden (Coleoptera) (mit 16 Abbildungen) 171—19, S 39.—